U0164788

金線

解決一切問題的
結構化思維和結構化表達

馮唐 著

目錄

第二部份

結構化思維與結構化表達

第三部份

關於社會、工作、
生活的 100 個基本問題

導言
超越金字塔原理的金線原理

2000 年 6 月，我剛進麥肯錫公司的時候，還是個純職場小白。麥肯錫諮詢顧問是我的第一份工作，之前的經歷全是從學校到學校，以及做一些掙學雜費和泡妞費用的零工。

剛進麥肯錫的時候，我偶爾聽人說起金字塔原理。這個說法非常了不起，非常形象，非常生動，讓我腦子裏立刻呈現出埃及金字塔、斯芬克斯像和絕世美人納芙蒂蒂像。

我問麥肯錫幾個師父關於金字塔原理的內涵和外延，他們幾句話就把我說明白了，我沒覺得這個金字塔原理有任何難懂和難學之處。在麥肯錫近十年的管理諮詢實踐中，很少有人和我刻意強調

金字塔原理，我也認為那是一個非常基礎而易懂易行的原理，稀鬆平常，任何受過良好科學訓練的人都應該已經掌握了。反而是離開麥肯錫之後，我聽到很多人和我提起金字塔原理，似乎掌握了金字塔原理就能解決一切複雜問題。

我非常確定，掌握了金字塔原理和成為一個訓練有素的難題解決者／成事者之間，還有很長的路要走。我見過太多掌握了金字塔原理的人，在複雜問題面前束手無策。也有很多職場小白和我講，聽說掌握了金字塔原理，就可以像麥肯錫管理顧問一樣解決管理中諸多複雜問題，但是他們並沒有在掌握了金字塔原理之後，能夠得心應手地解決實際遇到的諸多管理難題。

我離開麥肯錫之後過得一直比在麥肯錫的時候還忙，潛意識裏我知道，我還沒想清楚金字塔原理的缺陷，但是我一直沒來得及細想。

自從 2018 年出版《成事》一書之後，我開始構建成事學，我想把我掌握的通用管理學教給想學

能學的職場小白。隨後，我又出版了《馮唐成事
心法》和《了不起》（「馮唐講書」的一年結集）。
這本《金線》是成事學的第四本，也是成事學裏
講述我在麥肯錫十年間修煉的工具、方法、模板
的第一本書。

我在構思和寫作這本書的過程中，發現了金字塔
原理的缺陷，提出了解決一切問題的金線原理。

金線原理：解決一切問題的實質
就是追求以假設為驅動、以事實
為基礎、符合邏輯的真知灼見
（Hypothesis driven, fact-based,
logical insights）。

如果我們真的想解決難題，真的想成事，想持續成事，想持續多成事，我們必須超越金字塔原理，學習、修煉並熟練掌握金線原理。金線原理在金字塔原理之上，金線上的每一主要步驟都是一個金字塔，金線是金字塔串起來的項鏈。

我堅信，修煉成事有四個常規途徑：讀書、行路、學徒、做事。讀萬卷書，行萬里路，跟定兩三個師父，不間斷地在實際做事中鍛煉自己。如果說《成事》有點像一本經書，《馮唐成事心法》就類似經注，成為讀者在實際做事中的實踐指南。《了不起》類似一個讀書拐杖，從文學、史學 / 管理學、美學三個方面講了 50 本經典中的經典，給讀者一個成事的基本閱讀基礎。我把《金線》給任何願意修行成事學的人，讓他們成為一個訓練有素的成事者。行路之外（你只有靠自己找機會環遊世界，這方面我實在甚麼都幫不了你），《了不起》指導讀書，《金線》給出工具，《馮唐成事心法》指導做事，三根支柱，撐起成事學。

我在麥肯錫期間，除了師父們在項目中言傳身教

之外，每年還都接受集中培訓。我花了五年多從諮詢顧問升到合夥人，感覺像讀了一個超級實用的通用管理學博士。在成為合夥人之後，我像我的師父們一樣，也在項目上言傳身教那些我的團隊成員，也作為老師深度參與麥肯錫的正式培訓。從麥肯錫「畢業」之後，無論是在華潤集團、華潤醫療還是在中信資本工作，我都能感到在麥肯錫的十年留給我的系統而嚴格的訓練。無常時常，輪迴不已，唯一不變的是變化本身，我也不能倖免，也在這些無常裏變化和輪迴。有這些麥肯錫功夫壓身，彷彿有了壓箱重物、定海神針。在華潤、中信工作的十年裏，我反覆運用這些麥肯錫功夫，又多了不少心得體會，身上的麥肯錫功夫漸漸成了馮唐成事學功夫。麥肯錫、華潤、中信這 20 多年管理實踐之後，儘管我知道我還是躲不開輪迴，但是我相信我能不住輪迴，我有足夠的信心坐在地球上任何一張商業會議桌上、討論任何複雜的管理難題，給出合理而有價值的管理建議。不管如何無常、如何輪迴，我依然能夠成事、持續成事、持續多成事。

麥肯錫這些工具、方法、模板中最有用、最常用的不是金字塔原理，而是這個結構化思維和結構化表達的金線原理。成事的最重要基礎也是結構化想事和說事的這條金線，沒有之一。

第一，應用廣泛。 如果你熟練掌握了結構化思維和結構化表達，你就是通才中的通才，你可以上手解決一切問題，你可以進任何行業、任何地域和任何公司，並為它們創造價值。

第二，亙古不變。 如果細看《資治通鑒》、二十四史，細看唐宋八大家文章，結構化思維和結構化表達的金線原理閃爍不已。今天，無論是在中國媒體還是歐美媒體，如果你讀到一篇非文學類的好文章，你細看，結構化思維和結構化表達的金線就在那些好文章裏閃爍。今天，即使你不懂計算機編程、SPSS、SAS 或機器學習，只要你熟練掌握結構化思維和結構化表達的金線，你一定還能找到很好的工作，衣食無憂。

第三，難能可貴。 神奇的是，幾乎每個職場小白都應該學習和應用金線原理（有時候是不得不），但是，熟練掌握結構化思維和結構化表達的人寥若晨星。熟練掌握這條金線的人，遠遠少於能把屋子打掃乾淨、把個人物品收拾利落的人。具備這種神奇能力的人進入一個會議室，面對海量信息的黑森林、紛繁複雜的關係，問幾個問題，拿出一支鋼筆、一個計算器（手機上自帶的就夠用）、一兩頁紙，就能梳理出一條閃亮的金線，讓參會者眼睛一亮。「床前明月光，疑是地上霜。舉頭望明月，低頭思故鄉。」這 20 個字似乎所有中國人都會，但是只有李白把它們如此放在了一起，這樣放在一起之後，一千多年以來，無數中國人都會望月起鄉思，想起李白，想起這首《靜夜思》。熟練掌握結構化思維和結構化表達的人雖然比李白多，但是也是萬裏挑一。即使 AI 再發達，人類再進步，掌握金線原理的人永遠也不愁找工作、找好工作。所有的領導都希望團隊成員能把事兒想明白、說清楚。

當然，這條金線不是萬能的。熟練掌握金線原理的成事者可以按照這條金線解決絕大多數管理問題，提出的解難方案基本都能達到八九十分，但是無法保證能提出充滿創意的偉大方案。那些最偉大的創意，需要天賦和運氣。熟練掌握金線原理很可能讓你像孫臏一樣提出「圍魏救趙」的偉大戰略計劃，但是很可能無法讓你像孫臏一樣安排一場埋伏，砍一棵大樹的樹皮，在樹皮上寫下墨書「龐涓死此樹下」，黃昏來臨，龐涓來到此樹下，點起火把，還沒來得及看清這六個字，周圍萬箭齊發，龐涓死此樹下。

過去 30 年，計算機算力和互聯網技術爆發，結構化思維和結構化表達的金線原理依舊不過時，依舊非常重要。

世界經濟論壇（World Economic Forum）把複雜問題解決能力列為 21 世紀人類的頭號技能。各大公司、各大機構招聘高管時，都把複雜問題解決能力（解難）列為第一需要。

21 世紀十大人類技能 [1]

1. 解難（Complex problem solving）
2. 思辨（Critical thinking）
3. 創意（Creativity）
4. 管人（People management）
5. 協作（Coordinating with others）
6. 情商（Emotional intelligence）
7. 決斷（Judgment and decision making）
8. 服侍（Service orientation）
9. 談判（Negotiation）
10. 靈動（Cognitive flexibility）

1 Future of Jobs: Employment, Skills and Workforce Strategy for the Fourth Industrial Revolution (World Economic Forum, 2016).

21 世紀了，沒有靠譜的領導要求下屬知道武則天的原名和曾用名是甚麼，或者北京一共有幾處世界文化遺產，但是靠譜的領導會希望下屬能想明白、説清楚為甚麼武則天能當皇帝以及北京如何能成功申請到下一處世界文化遺產。

為甚麼解難（Complex problem solving）那麼重要？《聖經》説：陽光之下，快跑者未必先達，力戰者未必能勝。為甚麼？因為快跑者和力戰者未必是好的解難者。

快跑者未必先達，因為他跑錯方向了，因為他路徑錯了，因為他沒動力跑，因為大環境不讓他跑，因為他跑着跑着掉坑裏了。力戰者未必能勝，因為他打錯地方了，因為他打的地方太多了，因為他沒和他的隊友們溝通清楚，隊友們沒能很好地幫到他。

那怎麼辦？

不着急，不害怕，不要臉。別着急馬上就跑、馬上就打，別害怕制訂解難方案會貽誤戰機（通常不會），別在意別人嫌你慢、笑你膽子小，別往心裏去。成事，多成事，持續多成事，最重要的不是幹，最重要的是在幹之前，先把事兒想明白，把事兒溝通清楚。先花時間，結構化地把成事的計劃想清楚，結構化地把成事的計劃交流清楚。

解難的定義是：需要解決的問題複雜，結論充滿不確定性，沒有明顯答案，能否有好的解決方案意味着重大價值差異。

解難的核心是：結構化思維和表達的那條金線。想清楚，説明白，然後才是具體落實。能盡職盡責、盡心盡力幹實事兒的人不多，但是能想清楚、説明白的人，更是鳳毛麟角。

要豎立信心，對於人類所有問題，都有一套共同的解決問題方法。這個方法的核心是結構化思維

和表達的金線原理。這條金線不是只有天才才能掌握，職場小白、中智之人按照正確的方法反覆練習之後也能掌握（當然，如果有好的師父言傳身教，可以學得更快更好），但是很多「哈麻牛劍」、「北清交復」的博士和博士後也沒能很好地掌握這一偉大的金線原理。

儘管這條金線如此重要，但我一直不想寫《金線》這本書。

首先，我覺得，結構化思維和表達不是甚麼太難的事。其次，結構化思維和表達也不需要一本書來講清楚，知道金字塔原理的四字基本原則「不重不漏」，知道解決問題的實質就是追求以假設為驅動、以事實為基礎、符合邏輯的真知灼見，然後在工作裏、生活裏、風裏、雨裏、江湖裏反覆練習就行了。最後，市面上似乎已經有了很多講這個領域的書，比如《金字塔原理》等等，我為甚麼還要再寫一本呢？我為甚麼不把有限的時間和精力用在另外一些還沒人寫的領域裏呢？

但是，在過去十年，反覆有朋友求我寫《金線》這本書，他們想具有把事兒想清楚、說明白的能力。十年之後，他們幾乎都做了領導，帶領大大小小的團隊，他們還是反覆求我寫《金線》這本書：「能把事情想明白、說清楚是個天賦加長期訓練而形成的偉大素質，能教別人把事情想明白、說清楚真是造福人類了。您從小就會並不等於其他人從小就會，很多人長大了、大學畢業了還是不會。市面上有一些講結構化思維的書，但是都太囉嗦了，讓人懷疑作者自己是不是真的懂結構化思維和表達，作者自己是不是真的能把事情想明白、說清楚。如果您不信，我送您幾本，您自己翻翻，您就知道我是甚麼意思了。不僅沒有好的書，好的課程也沒有！這麼重要的一項能力，竟然似乎沒有一個商學院或者大學有系統的課程傳授。您快寫吧。出版之後，我第一時間批量採購，裝備團隊。」

我還真不信，自己去買了幾本這方面的書，耐着性子翻完了。的確，無一例外地難看，非常難看。我高度懷疑，那些買了這幾本聲名赫赫的書的人中，有多少人真的把這幾本書讀完了？有多少比例的人真的讀完了有收穫？有多少比例的人真的成功地把所學用到工作和生活解難的實踐中去了？

對於這些書，我想吐槽的是：

第一，行文冗長。

一句話能説明白的，非要用一百句説。

第二，例子無聊。

這些書的作者似乎也想讓文本變得生動些，他們很費力氣地編了不少例子。可惜的是，這些例子

都和普通讀者關係不大，也毫無趣味：屋頂要不要裝太陽能？如何增加南極企鵝數量？如何讓一家日本企業的庫存周轉變快？等等。這些都是實際的問題，但是和絕大多數地球人似乎沒關係。而且，我高度懷疑可以在這樣一本書裏對職場小白做案例法教學：一個豐富的案例需要很多信息，普通讀者對這些信息是否感興趣？讀書基本上是個單向輸入，讀者基本上是單純接受方，很難互動和糾錯。如果沒有小班授課，只能指望讀者「我注六經、六經注我」。讀這本書時，遇到心動處，停下來想想自己工作和生活中相關的實例，讀完這本書之後，在工作和生活的實踐中有意識地運用這本書講的結構化思維和結構化表達的金線。

第三，作者無趣。

這些書的作者是否熟練掌握了結構化思維和結構化表達的金線，我不敢確認。但是，我確認，這些書的作者相當無趣，我沒動力和他們分一瓶酒，探討一下地球乃至宇宙的下一個千年。

那好吧，我就自己寫一本關於金線原理的書吧，反正我因為強調「文章有一條金線」已經有了「馮金線」的外號。我已經把結構化思維和結構化表達的金線原理想明白了，也常年習慣性使用，幾乎快成了習慣性小腦思維。我也寫了 20 來本書了，多半是文學，我對於文字充滿了熱愛，怕你無聊，怕你睏，我在這本《金線》偶爾插科打諢，用文字的魅力讓你開心。「高高山頂立，深深海底行」，我盡量舉一些高瞻遠矚的例子，比如，如果實現了基因自由編輯，完美的人類應該被編輯成甚麼樣？比如，100 年後，人類應該和 AI 如何美好相處？我還會盡量舉一些接地氣的例子，

比如，如何最完美地買一個房子？比如，如何盡早獲得財務自由？需要強調的是，我不會在例子裏過份灌水。我依舊相信，這本書應該短小精悍，你看完之後應該馬上把學到的金線原理應用到實際工作和生活中去，在實際工作和生活中遇到和金線原理相關的困擾後再來重新讀一遍這本書。儘管我從事管理工作多年，我盡量把這本《金線》寫得清晰直白，金光閃閃，做到「我媽能懂」。另外，希望你別嫌書薄。把書寫厚容易，把書寫薄，難。「板凳甘坐十年冷，文章不寫一句空」，我保證每字每句發自肺腑。文學之外，我大愛的書都是短小精悍的，老聃的《道德經》（約 5,000 字），孔丘的《論語》（約 15,000 字），孫武的《孫子兵法》（約 6,000 字），袁枚的《隨園食單》（約 22,000 字），文震亨的《長物志》（約 27,000 字）。如果還是嫌書薄，多讀幾遍。我不信，你讀一遍能全懂，全掌握。

不要懷疑結構化思維和結構化表達的金線原理。我能確定的是：麥肯錫管理諮詢顧問們整天用的最重要、最基本的工具就是這個金線原理，財富

500 強公司高管們整天用的最重要、最基本的工具也是這個金線原理，《資治通鑒》裏面的帝王將相、梟雄巨賈整天用的最重要、最基本的工具還是這個金線原理。希望你也能用得上。讀這本《金線》，沿着這條金線，在工作和生活中反覆練習、天天練習，成為一個訓練有素的成事者。祝你熟練應用金線原理，成為頂尖的解難者和成事者。

最後要説的是，即使熟練掌握了這個全能解難法的金線原理，也不一定能解決你媽和你之間的矛盾，至少我沒得逞。

是為導言。

馮唐

2022 年 4 月至 7 月
倫敦、巴黎、漢堡、東京

第一部份

金線原理十問

成事學四大公理

24

成事學第一公理

人類在任何時候都要追求資源的
最佳利用和效率的最大化。

成事學第二公理

儘管任何事都沒有完美解決方案，
但是任何事在某個時間範圍內
一定有最佳解決方案。

成事學第三公理

諸法無我，無常是常，不要戀戰，不
要試圖解決所有問題，
全面應用二八原則，
盡百分之一百的力氣，
每個「二」達成「八」，
百分之百的力氣最終達成
百分之四百的成果。

成事學第四公理
(金綫原理)

解決一切問題的實質就是追求以假設為驅動、以事實為基礎、符合邏輯的真知灼見。

1

人世間為甚麼會有問題？

人世間為甚麼會有這麼多問題？

理科問題和文科問題一樣嗎？

在解決複雜問題上，AI 為甚麼還
不能全面代替人類大腦？

從職場小白到財富 500 強 CEO，任何人類個體在活着的任何時候都會有無數問題，從衣食住行到吃喝嫖賭到「立德立功立言」三不朽。年紀特別小的時候儘管沒甚麼個體意識，每天也是充滿問題，也是要解決喝奶、打嗝、拉屎撒尿、保暖睡覺等等問題，自己解決不了，也要通過哭鬧等簡單表達方式召喚大人來解決。年紀特別大的時候儘管已經了然世間法，「隨心所欲而不逾矩」，不穿內衣也可以上街，似乎可以逍遙遊，但是也要解決肉身嚴重老化問題（牙齒脫落、呼吸困難、腿腳失靈、大小便失禁等等）、安排生前身後事（真能做到「我死之後哪管洪水滔天」的長者寥寥無幾）、安排少痛苦甚至無痛苦死亡（極少人掌握的圓寂技術，極少人積德積到我爸的程度，能夠在午睡時平靜離開）等等。

個體問題多，群體問題更多。一個人怕孤獨，兩個人怕辜負，三個人就需要成立一個黨支部。多個人類個體組成人類群體，人心隔肚皮，群體在任何時候面對的問題比任何一個個體都多。一端

是絕對自由，一端是絕對個人權威，這條線上所有的點都是問題成堆。

任何人類個體一生面對的核心問題是：如何最充份地用好自己這塊材料，不白白來地球一趟？人類群體在整個生存期面對的核心問題是：如何最充份地用好這個群體能夠調動的資源，特別是構成這個群體的人，讓世界變得更美好？人類能用科學解釋的世界只有很小的一部份，可惜的是，上述核心問題不在其中。

這些核心問題，其實也是管理學的核心問題。

我學的雖然是醫科，但是我的理科知識在很大程度上還給大學老師了。我很佩服那些非常會解高難度理科題的學霸朋友。我心煩的時候只能想到泡妞、喝酒、讀詩、寫詩，但是泡妞喝酒讀詩寫詩常常讓心更煩。我羨慕我那些理科學霸朋友。他們心煩了，就互相出幾道需要用到雙重積分才

能解決的數學題、討論一下暗物質和暗能量，心沉進去，就不煩啦。

理科題似乎總能有正確答案，文科題似乎總沒有。人類能提出的理科問題，絕大多數都解出來了。人類能提出的文科問題，絕大多數都還沒解決，甚至那些所謂解決了的少數問題在大多數人類中也沒取得共識。

很多複雜的文科問題只需要小學應用題水平的數學。但是，很多並不複雜的文科問題，很多理科學霸完全做不出來。作為忘記了絕大部份理科知識的前婦科大夫、現戰略專家，我為此感到欣慰。我多少還有點用，還可以保持一點自尊。

比如：如何讓貓自己舔自己的肛門？

馮唐回答
(當然，只是我個人的答案，只代表我個人)
方案 A，往肛門上抹點濃濃的魚湯。
方案 B，往肛門上抹點搗碎了的辣椒。
方案 C，往肛門上抹點加了辣椒的濃濃的魚湯。

比如：在當前性別認同非常複雜的情況下，如何標識公共洗手間？

馮唐回答

不標識。一溜小單間，任何種類的性別認同都同等對待，先到先得先拉撒。

我問過人工智能專家李飛飛，在哪些領域，AI 和人腦差距最大？飛飛說，AI 在兩個方面遠遠落後於人類：一個是創造性工作，能無中生有，從 0 到 1；一個是快速模式識別，萬馬軍中取上將首級，在紛繁複雜的境況中瞬間頓悟。「AI 的世界裏沒有美食、好酒、有趣的靈魂。」

AI 的興起是不可逆轉的大潮，在可預見的未來，AI 還不能取代人腦的工作包括：好的釀酒師、食神，好的詩人、畫家、作曲家，好的領袖（政治家、企業家等等），頂尖的解難者（Problem solver）等等。

訓練極其有素的腦力如果和 AI 算力結合，如虎添翼。

2

人類為甚麼要解決問題？

成事學第一公理（雖然絕對正確，但是無法證明，所以稱之為公理）：人類在任何時候都要追求資源的最佳利用和效率的最大化（Make the most out of it）。

簡單説，成事學第一公理就是不浪費。至於人類為甚麼痛恨浪費（甚至痛恨浪費的其他人類），不知道。

為甚麼要解決問題？為了不浪費，人類持續改進，不斷解決問題。

為甚麼要解決問題？為了成事，為了持續成事，為了持續多成事。儘管從禪宗佛法角度講，生前身後名都是虛幻，不如眼前一杯酒，但是有些人類一想起生前身後名，一想起不朽，就奮不顧身，就逐鹿中原。

為甚麼要解決問題？因為問題在那裏，就像山在那裏。阿爾法人類的天性是追求卓越，有個沒解決的問題會一直鬧心，有個沒解決好的問題會一直鬧心。

對於我們這些進化不完全的地球人,解決問題是能產生滿足感的,持續地解決問題是能產生強烈快感的,持續地解決複雜問題是能產生成就感的。人活天地間,萬題想解,想解萬題,萬物之王。

庖丁為文惠君解牛,手之所觸,肩之所倚,足之所履,膝之所踦,砉然向然,奏刀騞然,莫不中音。合於《桑林》之舞,乃中《經首》之會。

文惠君曰:「嘻,善哉!技蓋至此乎?」

庖丁釋刀對曰:「臣之所好者,道也,進乎
技矣。始臣之解牛之時,所見無非牛者。三
年之後,未嘗見全牛也。方今之時,臣以神
遇而不以目視,官知止而神欲行。依乎天理,
批大郤,導大窾,因其固然,技經肯綮之未
嘗,而況大軱乎!良庖歲更刀,割也;族庖
月更刀,折也。今臣之刀十九年矣,所解數
千牛矣,而刀刃若新發於硎。彼節者有間,
而刀刃者無厚;以無厚入有間,恢恢乎其於
遊刃必有餘地矣,是以十九年而刀刃若新發
於硎。雖然,每至於族,吾見其難為,怵然

效率的最大化

為戒，視為止，行為遲。動刀甚微，謋然已
解，如土委地。提刀而立，為之四顧，為之
躊躇滿志，善刀而藏之。」

庖丁解牛，就是庖丁在解決問題。庖丁修煉解牛
之術，就是庖丁在修煉成事之術。庖丁解牛完成
後，「為之四顧，為之躊躇滿志」，就是成事者
在解題完成後沉浸在顱內高潮裏的寫照。

3

為甚麼所有問題都有最佳解決方案？

為所有問題都有最佳解決方案，所以所有問題都有最佳解決方案。

因為我是你媽，所以我是你媽。這是一種我媽常用的強詞奪理的回答方式，常常有奇效。

我媽還有一種更加強詞奪理的回答方式。我問：「為甚麼我講道理，您不講道理？」我媽回答：「因為我是你媽。」

成事學第二公理：儘管任何事都沒有完美解決方案，但是任何事在某個時間範圍內一定有最佳解決方案。

萬題能解。既然有問題，既然忍不住想解決問題，既然比較之下總有一個最好解決方案（或者說有一個最不壞的解決方案），那萬題能解，一切有解。

一切商業問題在某個時點都有一個最佳解決方案。問題不是有沒有，而是如何找到它們，如何持續地找到它們。如果能持續地找到它們，你的公司就能立於不敗之地，就是百年老店，基業長青。

一切個人問題在某個時點都有一個最佳解決方案。有時候，甚至無解，甚至不作為，就是那一剎那的最佳解決方案。摔傷了，骨頭沒斷筋沒斷，冰敷之後很可能不需要做甚麼，等待就好了，等待時間治癒。失戀了，都 21 世紀啦，貞操是否還在無所謂啦，有時候貞操一直在的話問題更大，不作為一定是最佳解決方案，一定比馬上找個人渣去滾個床單、去緩解

痛苦要好很多，相信時間治癒。一年之後，你可能會嘲笑自己一年前竟然會如此痛苦。如果當下實在太苦，需要移情，那就移情到工作或者為了中華之崛起而讀書；如果還不行，就移情到跑步，哭着跑三公里之後還哭，就再跑五公里，如果還哭，就索性跑個半馬、全馬。

一切社會問題在某個時點都有一個最佳解決方案。人類難辦，一個人難辦，兩個人在一起更難辦，兩億人在一起難上加難。那些說小孩兒最接近佛的人，對佛的了解實在太少，對人的了解也實在太少。佛不是人，佛克服了人類編碼中的諸多愚蠢之處。人很難改變別人，也很難改變自己。人成佛的概率遠遠小於人拎着自己頭髮把自己拎到半空中的概率。因為人類難辦，所以人類也好辦。一切現存都有存在的充份理由，一切漏洞百出的制度都有它自己的邏輯。人類不動刀動槍打起熱戰來，就已經比禽獸高出了一個巨大的層次。如果忍住不打起熱戰來之後，還能坐下來聊聊，決定各退一步，就已經非常接近最佳解決方案了。

4

甚麼是最佳解決方案？

甚麼是二八原則？

為甚麼要全面應用二八原則？

為甚麼二八原則離不開結構化思維
和結構化表達的金線原理？

總體上比其他任何解決方案都好的方案，就是最佳解決方案。

成事學第三公理：諸法無我，無常是常，不要戀戰，不要試圖解決所有問題，全面應用二八原則，盡百分之一百的力氣，每個「二」達成「八」，百分之百的力氣最終達成百分之四百的成果。

即使你是天才，拍腦袋、拍胸脯、拍屁股的三拍式解決問題的方式也不可能是成事的基石，結構化思維和結構化表達才是成事的基石。

在紛繁複雜的世界裏，不要戀戰，不要試圖解決所有問題，不要試圖把任何問題解決到百分之百的盡善盡美。

但是，哪些問題是最重要的問題？怎麼知道解決方案已經到了百分之八十的水平？結構化思維和表達，結構化思維和表達，結構化思維和表達。

重要的事情重複三遍，金線原理，金線原理，金線原理。

結構化思維和結構化表達的金線原理是解決一切問題的最基礎工具，是成事學第一公理、第二公理、第三公理得以成立的基礎。以上這一信念，是成事學第四公理。

簡單説，成事學第四公理就是金線原理。

在這裏，我第一次莊重而隆重地推出金線原理：

解決一切問題的實質就是追求以假設為驅動、以事實為基礎、符合邏輯的真知灼見（Hypothesis driven, fact-based, logical insights）。

這是麥肯錫管理諮詢顧問們的「缽」，最重要的吃飯的傢伙兒，沒有之一。在解決人世間疑難問題的實踐中，金字塔原理有嚴重缺陷也偏複雜。天下武功，惟快不破，惟簡不破。一條金線，惟求真知灼見，惟有一根筋，為得一善果。

在麥肯錫的時候，這個金線原理總是被提及和被強調，但是從來沒人把它明確為一個原理。倒是一個金字塔原理被非麥肯錫的管理人士時常提及。

簡單地總結歸納，金字塔原理就是：任何事情都可以歸納出一個中心論點；而此中心論點可由橫向的三至九個一級論據支持；這橫向的三到九個一級論據本身也可以是個論點，再被三至九個二級論據支持，可以如此縱向延伸幾級，整體論述狀如金字塔。

金字塔原理圖

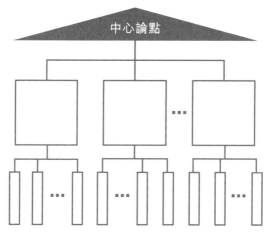

一個中心，三到七個支撐，絕不要超過九個。

描述金字塔原理的文章浩如煙海，真能說明白的寥寥無幾。還是我來吧。憑三點，說三點，三點說清楚三個金字塔原理的關鍵點。如果你能想明白這三點且能運用這三點，就說明你掌握了金字塔原理。

第一，縱向支撐原則。金字塔的縱向要形成邏輯支撐關係。多數時候，這種縱向支撐關係是歸納關係。下一層每個論據都對上一層形成邏輯支撐，如果三到九個論據中任何一個論據成立，上一層總結歸納就能立住，如果三到九個論據全部成立，上一層總結歸納就非常牢固。上一層是在下一層邏輯支撐下的總結歸納，站在下一層論據的支撐下，按照邏輯，高高山頂立，形成結論。

第二，橫向不重不漏原則（Mutually exclusive and collectively exhaustive, MECE）。金字塔的橫向要形成不重不漏的相互關係。橫向三到九個論據，彼此之間要相對獨立，要基本不重合，這樣，才能在方法論上避免重複。橫向三到九個論據，合在一起要相對完整，要基本覆蓋議題整體，這樣，才能在方法論上避免重大遺漏。

金字塔檢驗標準

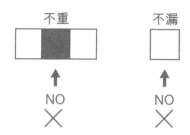

第三，總體真知灼見原則。任何一個高質量的金字塔，最後的結論不應該是一個不可能錯的空話，或者是一個沒有任何實際意義的廢話。任何一個金字塔式的論證，必須是一個真知灼見，必須讓這個世界更加真實、更加善良、更加美好。真知灼見很難定義，很難言傳，所以迦葉會拈花微笑。但是，真知灼見可以意會。你自己獲得了真知灼見，或者你聽別人有了真知灼見，你會有豁然開朗的感覺，「是它，是它，就是它！」一層窗戶紙被捅破，水落石出，再無罣礙。一切彷彿真愛，沒見到之前不知道是甚麼樣子，見到之後，再無他思。

舉個簡單的例子：做個好學生。

第一層分解後形成縱向支撐：一個好學生要學習好，一個好學生要品德好，一個好學生要體育好。

三個「好」，任何一個成立，這個學生就是一個好學生，三個全部成立，這個學生就是一個三好學生。

第一層橫向分解出來的三個「好」，學習、品德、體育，基本上彼此相對獨立，不是絕對沒有交叉，而是相對獨立。這三個「好」合在一起，又基本構成「做個好學生」的全貌，覆蓋議題整體。當然，還可以加上其他一些元素，比如「美術好」和「公益好」等等。

當然可以再次向下分解。比如，「體育好」可以進一步分解成：「個體項目體育好」和「集體項目體育好」。也可以換一種分解方法，進一步分解為：「耐力好」、「靈活性好」、「力量好」、「技巧好」等等。

同理,「學習好」和「品德好」也可以向下再打深一兩層,每多打深一層,就多了一層真知灼見。

總體結論可以是一個真知灼見:德智體三好,就是一個好學生。如果某些教育界人士和家長認同這個真知灼見,這個真知灼見就可以在很大程度上長期指導他們教育孩子的實踐。

好了,我想我講明白了金字塔原理,但是,關於金字塔原理的問題也來了。金字塔原理能幫助你縱向打深一層嗎?能幫助你不重不漏地橫向分解出下一層的三到九個論據嗎?比如,「學習好」再打深一層,應該能分解成哪幾個元素?你即使明白金字塔原理,你也不一定能分解出來。這就是金字塔原理的局限性:只依賴金字塔原理,不能解決問題。

這也是那麼多人讀了金字塔原理相關的書，但是並沒有成為優秀的問題解決者的根本原因。

好了，既然提出問題，我忍不住就想解決它，試着把「學習好」再打深一層。一種分解方式是把「學習好」分解為：「教室學習好」、「家庭學習好」、「街頭學習好」。我學習好，不僅在教室從老師講課中學習，還在家從我媽罵街中學習，還在街頭從地痞流氓們打架搶錢中學習。當然，分解方式不止一種。

同理，如何好好學習？金字塔原理也不能幫你打深一層。中國古人一種分解是：格物，致知，誠意，正心，修身，齊家，治國，平天下。需要指出的是，這八目是古往今來被推崇的學習方法，是真知灼見，解決了如何好好學習的問題。但是，這八目有一定線性關係，並不呈現金字塔形狀。

既然金字塔原理不能從根本上幫你解決問題，甚麼可以？金線原理！

從在麥肯錫初步接觸金字塔原理至今，我一直覺得這個原理很形象、很有用，但是一直隱約覺得有某個極其重要的東西沒有被想透，這個金字塔原理被嚴重高估了，隱約覺得一個具體的戰術技巧被高估到了戰略層面。

在我寫這本《金線：解決一切問題的結構化思維和結構化表達》的過程中，我忽然意識到，是甚麼東西沒被想透了。

第一： 金線原理高於金字塔原理。追求以假設為驅動、以事實為基礎、符合邏輯的真知灼見是一條金閃閃的主線，這條金線上很多關鍵節點都呈現金字塔的樣子，符合金字塔原理（但是記住，並不是全部正確論斷都呈現金字塔的樣子）。

第二： 金線原理可以獨立於金字塔原理而成立，但是金字塔原理離開金線原理就不能成立。某些極少數的天才，不知道也不理會金字塔原理，一下子拿出對於未來

的偉大戰略判斷，符合以假設為驅動、以事實為基礎、符合邏輯的金線原理，但是和金字塔原理沒甚麼關係。而金字塔的每層之間，如果沒有金線存在，就無法支撐。很多人讀懂了金字塔原理，但是遠遠不是解決問題的高手。

第三：金線原理和金字塔原理不矛盾，金線原理和金字塔原理相互成就。金線原理是不變的總體原則，金字塔原理是堅實的局部支撐。最終呈現的真知灼見常常呈現金字塔的樣子，但是也可以不是。

如果做個類比，老子《道德經》說「道生一，一生二，二生三，三生萬物」。一、二、三、萬物呈現的是金字塔，「生、生、生」是金線。金線原理不是道，不是本體論，是生，是高於生生不息之後出現的金字塔。

我在麥肯錫工作了十年。我知道，麥肯錫的管理顧問不是政治家，不是官員，不是銀行家，不是說客，不是企業家，不是士大夫，不是江湖術士，不是預言家，不是占卜師，不是巫師，不是文人。我問我當時能見到的最老的麥肯錫合夥人：「那，

我們是甚麼？」

「我們是問題解決者。」老麥肯錫合夥人說。

「我們能解決一切問題嗎？」我第二問。

「是的，我們能解決一切問題。我們努力的目的是，我們能為一切問題提供現階段最佳解法。如果給我們三個月，我們搞不清楚的問題，現階段，也沒有其他人或機構可以搞清楚啦。這也是我們的信念和對我們自己的要求。」老麥肯錫合夥人說。

「我們憑甚麼能做到？我們依靠的是甚麼？」我第三問。

「我們的大腦。我們的工具和方法，特別是結構化思維和結構化表達。」老麥肯錫合夥人說。

2000 年，我進了麥肯錫，我被訓練的第一個玩意兒是這根金線。後來證明，這也是之後諸多訓練中，最寶貴、最有用的一個玩意兒。

第二部份

結構化思維

與結構化表達

和結構化思維相悖的七大錯誤

七大錯誤之一

審題錯誤

七大錯誤之二

我執錯誤

七大錯誤之三

金字塔錯誤

七大錯誤之四

人力錯誤

七大錯誤之五

分析錯誤

七大錯誤之六

行動錯誤

七大錯誤之七

靜止錯誤

1

金字塔原理
核心是縱向支撐、橫向不重不漏

如果打深一層，金線的基礎是金字塔，金線的每個節點都是金字塔，金線其實是一條由大大小小金字塔構成的項鏈。

如果退一步講，就算你缺少戰略眼光和格局，不能單槍匹馬，一根金線拿到以假設為驅動、以事實為基礎、符合邏輯的真知灼見，你如果能紮紮實實弄出幾個金字塔，也是對世界有所貢獻。

再重複一遍，金字塔原理就是：任何事情都可以歸納出一個中心論點，而此中心論點可由三至九個一級論據支持，這些一級論據本身也可以是個論點，被二級的三至九個論據支持，如此橫向的延伸，狀如金字塔。

這些事情可以很複雜，如：我們是甚麼？我們從哪裏來？我們要到哪裏去？世界經濟五年的走勢？中國社會保障體系的建立？等等。這些事情也可以很簡單，如：小賈見到姑娘為甚麼會臉紅？老媽每天喝半斤白酒是不是很危險？以及當高中時候的夢中情人問你她現在該不該帶着三歲的女兒離婚，你如何回答？

為甚麼是三至九個？三個開始（含三個）給人類穩定感，比如三腳架。多過九個，人類就覺得太囉嗦了，人類只有十個手指頭。

用一句話總結，對於及格金字塔的要求就是：縱向有邏輯支撐，橫向分解不重不漏（MECE）。對於金字塔每一層的支持論據，要求彼此相互獨立不重疊（至少重疊很少），合在一起又完全窮盡不遺漏（至少不遺漏要點）。

其實，金字塔原理只是一個形象說法，說白了就是對於某個論點的結構化論證。其實，金字塔原理並不新鮮，古今中外很多文章和言論都暗合金字塔原理。其實，金字塔原理很形象，你看到任何高處平面巍巍聳立的，埃及金字塔、應縣木塔、延安寶塔，都是塔。那些符合不重不漏要求，中心思想（最高一級論點）及各級次論點都論據紮實、論證清晰的千古文章和真知灼見都可以是我們人類心中的金字塔。

無論問題複雜與否，無論陰晴圓缺，無論喜怒哀樂，你想事兒的時候，說事兒的時候，請盡量呈現金字塔原理。

Collectively exhaustive

65

2

克服完美主義

在最開始的時候必須指出，金線原理從根本上講是將紛繁複雜的世界和問題簡化的一種方法。任何金線注定不完美，注定無法證明絕對正確。我們成事修煉者能做的，最多是把金字塔建得堅固、清爽、足夠完美，一條金線直達真知灼見。

這個世界的大部份可能是暗物質和暗能量，這個世界的很多事情似乎不合邏輯、不可理喻。我們人類並不徹底絕望、徹底放棄、隨波逐流，我們人類抓住結構化思維和結構化表達的金線，彷彿在無邊無際的暴風雨的海上抓住一葉扁舟。

把完美主義留給上天吧。或許在上天的眼裏，世界本來就是完美的，各種問題都在無數力量對沖和足夠長的時間面前逐漸安靜，草長鶯飛，歲月靜好。

3

結構化思維的金線

你要堅信成事學四大公理，一切問題可解，一條金線可以解一切問題。

如果你足夠訓練有素，熟練掌握金線原理，哪怕你似乎對很多行業和專業一無所知，你也是那個能夠解決一切問題的人間高手、世外高人。

在我具體闡釋結構化思維的金線之前，我想講講結構化思維的反面，一些不能符合金線原理的常見錯誤。

和結構化思維相悖的七大常見錯誤

第一， 審題錯誤：完全不審題，沒有審對題，沒有充份審題，審題時間不夠，審題不深，審題不全。「陽光之下，快跑者未必先達，力戰者未必能勝。」

第二， 我執錯誤：毋意、毋必、毋固、毋我。「懶人說，路上有獅子。」「大處着眼！」「刻舟求劍。」「盲人摸象！」

第三， 金字塔錯誤：不遵從金字塔原則，不能準確確定重點，不能有效構建金字塔，邏輯思辨能力不足，構建的金字塔達不到「不重不漏」的要求。缺乏簡化能力和勇氣，追求完美，貪多求全，不能形成共識，不能砍去無足重輕的議題，沒能把精力集中在關鍵議題上。

第四， 人力錯誤：在解決困難問題上沒能做到人崗匹配，團隊的知識結構、時間投入、見識和腦力不夠。團隊的知識結構和見識太相似，太容易形成共識，太容易形成偏見。團隊架構不好，解決問題流程不順，沒有形成團結緊張、嚴肅活潑的解決問題文化，要麼太祥和，要麼太劍拔弩張。沒形成嚴格的行動計劃和反饋機制，沒按時按量跟蹤解決問題的成果和困難。分解後的責任沒能落實到個人，出了問題，找不到責任人，拿着板子，打不着屁股。

第五， 分析錯誤：團隊沒有足夠腦力和工具完成具體關鍵分析。缺少數據。數據沒有的時候，沒有估算能力（那是一種非常神奇的能力。對我來說，如果說金線是麥肯錫第一硬功夫，估算就是麥肯錫第一神功夫）。在具體分析中缺乏簡化能力、建模能力、統計能力。請忘記多元迴歸，請忘記雙重微積分，但是要有基本的建模能力和統計能力。

第六，

行動錯誤：問題最佳解決方案沒有和具體行動緊密結合。行動計劃涉及溝通和落實，涉及人員、行動、資源、成果、時間以及過程中進一步的問題解決流程。想清楚最佳解決方案只是成事的開始。想清楚之後還有說明白，溝通、溝通、溝通，在團隊內部達成足夠的共識、和主要利益相關方達成足夠的共識，對的話反覆和對的人多說很多遍，都是成事的必需。說明白之後還有落實，落實的過程很可能還涉及新的問題解決。空談誤國，實幹興邦。坐言起行，成事到底。

第七，

靜止錯誤：複雜問題解決很少能一蹴而就。實施最初確定的最佳解決方案，實施過程中很可能會遇上新問題，甚至可能推翻之前的主要結論。實事求是，不要怕麻煩，在變動中不斷發現問題和解決問題，不要怕沒面子，必要時要敢於糾正自己，不着急、不害怕、不要臉。

結構化思維的 20 條軍規

1. 假設驅動

2. 確立常規

3. 界定問題

4. 分而治之

5. 去繁就簡

74

6. 工作計劃

7. 調查研究

8. 集思廣益

9. 數據說話

10. 依靠常識

75

16. 秉持公心

17. 實事求是

18. 鼓勵異見

19. 提綱挈領

20. 交流溝通

反覆閱讀和思考這20條軍規，
然後從這20條軍規入手，反
覆練習使用金線原理的技能和
技巧。熟能生巧，百分之七十
天賦，百分之三十汗水。天賦
的事情歸天管，你的天賦在你
父母天地交歡的那一個極樂瞬
間就決定了；汗水的事兒歸你
管，在你有生之年都歸你管。
你自己天天拎着金線，搭建過
一萬個金字塔之後，哪怕是中
等天賦，你也是排憂解難的金
線小王子啦。

第一條軍規
假設驅動

必須要有第一天假設，必須要有第一天答案。

接到複雜問題的第一天，哪怕再複雜的問題，哪怕你毫無相關知識儲備，哪怕你完全沒時間細細思考，你必須要逼自己拿出第一天答案。

「人生若只如初見。」

是第一天答案，不一定是最佳答案，不一定是正確答案，一定不是完美答案。但是，也可能是。不管是不是，先拿出來。

哪怕問題都還沒界定清楚，先在腦海裏建立第一天隱約可見的金線。

更高的要求，甚至是在第一天沿着這條隱約的金線看到閃爍真知灼見的各個金字塔。

哪怕這些金字塔的基石和柱子都還沒有或者也只是虛擬現實，也要先豎起真知灼見的金字塔，也要看到金字塔高高的塔尖，那是第一天答案，那是中心思想。當然，金字塔之下，如果你能再想出三到九個金字塔的支柱，那就更好啦。

這一切不是武斷。

這是第一天答案。萬事開頭難。如果沒有第一天答案，你很可能在最開始浪費太多時間和精力。如果沒有第一天答案，你很可能一直不能真正出發。

這不一定不是最佳答案，就像第一次見面，你就想睡他/她，他/她不一定不是你的好伴侶。直覺有力量，特別是一些有商業天賦的人的直覺，特別是一些商場老手的直覺，相信直覺的力量。人類直覺的能量在有些時候，完勝超級計算機和 AI。

據我 20 年經商經驗的不完全統計，百分之八十的時候，第一天答案就是最佳答案（那為甚麼還要撅着屁股再調查分析三個月？這個問題我不直接回答，你先想想）。據我 50 年人生經驗的不完全統計，百分之八十的時候，你第一眼想睡的人，你今生一直想睡他／她。

這個宇宙中有很多暗能量和暗物質，儘管我們無法感知，但是它們存在。我們靈肉中也有很多傳感器，只是我們選擇忽略它們的信息。打開它們，接受它們，傾聽它們在第一瞬間告訴你的答案，那就是你的第一天答案。

在第一天，如果，儘管逼死自己，儘管試圖打開那些靈肉中的傳感器，腦子裏也沒有第一天答案怎麼辦？

那就喝杯酒。

還不行？

那就喝瓶酒。

還不行？

問專家。

還不行？

問你媽。

還不行？

這個議題對你來説，真是一個超級複雜的難題了。那就試試《易經》、六爻。

有了第一天答案，方便全面應用二八原則，可以大大提高解難的效率。

有了第一天答案，山頭聳立，遠遠可見，方便領導團隊，團隊成員分工協作。

有了第一天答案，不怕在洗手間或者電梯裏遇見客戶、CEO／領導，一泡尿的工夫，30 秒的電梯上行或者電梯下行，就可以和他講清楚現階段的建議。無常是常，如果他下一次上洗手間或者坐電梯遇上他的領導，問他怎麼辦？他不能説三個月後洗手間再見再説，他可以把你告訴他的第一天答案和盤托出。當然，他可以附加一句：「這僅僅是初步想法。三個月之後，洗手間再見，那時的想法可能不同，也可能還是這個想法，但是會更加篤定。」

在第一天，要有第一天答案。
所貴者膽，所要者魂，切記，切記。

Day 1

必須要有第一天答案

※ 儘管漏洞發生，也要有！
※ 所責者脆，不行？喝酒！
※ 還沒有，誰有？誰有就先用誰的！

第二條軍規
確立常規

在第二天，在殫精竭慮逼自己確立第一天答案 /
第一天假設之後，還有一件重要的事：確立沿着
金線拿到最終真知灼見的機制和流程。

即使整個複雜問題的解決只有你一個人，你也要
有個約束自己的機制和流程。假設只有你自己，
你也要把自己活成一個團隊。你要知道自己的戰
鬥力，一週能幹多少小時，每小時能產出多少；
你要知道自己依照金線原理解難這件事兒上的特
點，甚麼時候適合收集信息，甚麼時候適合消化、
思考信息，甚麼時候適合搭建數據模型，甚麼時
候適合寫 Word 文本、PPT 文本等等。

要承認，人和人是不一樣的，我見過很多種不同
的人。有些人晚睡，有些人早起，有些人不怕早
死地早起以及晚睡，有些人每天需要至少睡八個

小時才能正常工作。不必逞強，自己對自己誠實一點，在第一天，按照自己對於自己的真實了解，安排好這次踐行金線原理去解難的行動計劃。

需要提醒的是，哪怕你只是一個人在解決困難問題，沒有任何團隊成員，你還是需要一兩個聽眾，否則你非常容易進入自嗨模式，在一條錯誤的路上走到黑。這一兩個聽眾可以是你的導師、老情人、好基友，甚至老媽，但是他們一定要有掃你興的勇氣和挑你錯的腦力。「老嫗能懂」，如果你能把他們說通，說明你正在正確的道路上大踏步前進。如果你不能，說明你需要再多下些工夫。儘管他們並不是你的團隊成員，不了解難題的全部背景和相關知識，但是和純粹陌生人相比，他們畢竟是你的導師、老情人、好基友，甚至老媽啊，他們有比純粹陌生人更容易理解你的基礎。

如果你是帶領一個團隊遵循金線原理建設金字塔、解決疑難，那就要在最開始的時候說清楚在解難的過程中，每個團隊成員的工作習慣和成長訴求，在此基礎上明確團隊整體的工作常規。

人類是複雜的動物。一個人在地球上生存不容易，幾個人能一起齊心協力就更難。「二人同心，其利斷金」，如果三五個人能夠一起傾力合作，產生的能量驚人，如果 108 個人能夠齊心協力，產生的能量夠讓日月換新天了。

所以，這些在沿着金線建塔解難之前的工作似乎浪費時間，但是不是，這些其實是節省時間。

舉例：某個個體在解決疑難問題中，希望自己和團隊成員能知悉並尊重的常規：

第一，我晚上 12 點之後腦子不轉了。每天 12 點之後，不要和我討論嚴肅問題。

第二，我還做不到不要臉，如果罵我／「給我負面意見」，請單獨和我説，不要當眾説。

第三，我酒後不一定胡說八道，我酒後可能靈感爆棚、充滿真知灼見，請珍視我酒後説的話。

舉例：幾個個體形成的團體希望大家都知悉並尊重的常規：

第一，晚上 12 點之後不再做任何「頭腦風暴」。

第二，週日神聖。天不塌下來，週日不要聯繫彼此。

第三，不要找藉口，每天按時吃中飯和晚飯。

以上都是我在麥肯錫做項目時遇上的實例。

July

SUN	MON	TUE	WED	THU	FRI	SAT
						1
2	3	4	5	6	7	8
9	10	11	12	13	14	15
16	17	18	19	20	21	22
23	24	25	26	27	28	29
30	31					

第三條軍規
界定問題

俗話說，好的開始是成功的一半。把問題界定好就是好的解難的開始，在很多情況下，有了好的問題界定，沿着金線原理的解難之路就有了一個好的開始，獲得金線盡頭的真知灼見就有了一半勝算。

我不知道有否官方統計，我自己的印象是，從古至今、從中至外、從小到大、從人到我，多數錯誤的原因是沒有審題：沒有審題，沒有花足夠腦力審題，沒有花足夠時間審題。

記得小學老師點評期中和期末考試時，對班上小同學們最常說的是類似如下的話：「你為甚麼不審題？沒審題你做甚麼？你眼瞎啊？你以為是這樣一道題？你以為？你以為好用嗎？我不要你以為，我要你看題，我要你審題！還沒看題就做題，

還沒分清楚東西南北就跑，你跑錯方向啦，你跑去的不是醫院，是火葬場，傻啊你！你拍的不是馬屁，是馬雞吧，你傻啊！」

季文子三思而後行。子聞之，曰：「再。斯可矣。」

季文子是個非常謹慎的人，思慮過度，孔子勸他，想兩遍，覺得差不多了，就幹。其實孔子對於季文子這番教誨符合金線第一條軍規──「假設驅動」。

現在大多數人是相反，被智能手機裹挾已久，基本喪失認真閱讀和沉着思考的習慣了。讓我們形成一個好習慣：解難開始，面對難題，放下手機，拿出紙和筆，審題！再審題！至少審兩遍。如果還是不能全神貫注，審三遍！三思而後行。

不要在最開始就玩命跑，那樣並不能證明你是夜空裏最亮的那顆星。最開始就玩命跑，可能跑不長久，更可能跑錯了方向。一將無能累死千軍，一開始就定錯了目標或者反覆改變目標，來回瞎跑，自己累，團隊累。這樣幾個無效來回之後，

你作為隊長的威信也就加速降低了。

既然我們最常犯的問題是不好好審題，那麼，在着手解難題之前，讓我們仔仔細細審題吧！

以下是審題時可以問的一些基本問題：

1.   這個問題涉及核心詞的定義是甚麼？
2.   對於這個問題，誰是最終決策者？
3.   最後遞交物大致長甚麼樣子？
4.   產生這個問題的背景是甚麼？問題的緣起？年代？相關的人？類似的領域？等等。
5.   解決這個問題需要哪些利益相關方的參與和認可？
6.   實施這些建議可能會對整個組織產生甚麼影響？對此組織的不同部門可能分別產生甚麼影響？
7.   如何判斷這個問題解決好了？
8.   有甚麼潛在的重大風險？
9.   需要提交最佳方案的時間限是？

10. 涉及這個問題的關鍵限制條件是？（預算、法律、人際關係、科技突破等等。）

11. 還有一個非常重要的問題：哪些解難的限制條件真的不可能被突破嗎？（想想在 2010 年前後，傳統超市玩家對於電商的輕蔑。）

12. 可能在哪些方面腦洞大開、產生意外驚喜？

13. 解決方案的目標精度大致如何？（在管理領域，沒有百分之百準確，醫療上也一樣。）

審題

※ 何出此問？
※ 所涉何人？
※ 正解若何？

一句話問題陳述

※ 誰是決策者？　　　　※ 誰是利益相關方？
※ 成事／成功標準？　　※ 時間限制？
※ 其他重大限制條件？　※ 解決方案精度？
※ 潛在重大風險？　　　※ 涉及重大行動？
　……　　　　　　　　　　……

審題！再審之！三思而後開始解！

另一個審題訣竅是：一層層打深，打到打不動為止，打到方便分析為止。

一個患者見醫生，説：「醫生，我不舒服，給我開點藥吧？」

好的醫生絕對不是馬上給這個患者開一些止痛藥，讓他好受些，而是一層層問問題。

醫生問：「別急，和我説説，哪兒不舒服？」
患者答：「肚子。」
醫生繼續問：「給我指一下，肚子哪裏？」
患者答：「這裏，這裏。」
醫生繼續問：「是很深的裏面痛還是外面？怎麼個痛法？痛了多久了？疼痛有否加重？不按的時候痛不痛？按的時候會不會加重？」

這只是一個好醫生界定問題的開始。你應該能感覺到，界定問題本身就是解決問題的一部份。

另一個界定問題的常用工具：SMART 原則。

Specific：具體而有針對性，不空泛，不扯淡。少說「國富民強」、「更快更高更遠」之類片湯話。

Measurable：可衡量。不是一切皆可衡量。但是，一切不可衡量的事物都有耍流氓的嫌疑。

Action Oriented：行動導向。坐言起行，生死看淡，不服就幹。如果在解難的過程中不密切聯繫行動，解決方案很可能不能很好落實。不能落實的方案，再好也是不好。

Relevant：切身相關。對於多數問題，別總是上帝視角和北京出租車司機視角。多想和自身相關的一切，別太高，別太低，解決自己的問題為先。

Timely：及時。未來不迎（特別是遙遠的未來），既往不咎，當下不雜。看腳下，及時地處理好眼前的事兒。

高高山頂立，深深海底行。大處着眼，小處着手。界定問題時，盡量站在高處，站在 CEO 的視角，以全域觀審題。不要盲人摸象，你要心中有隻完整的大象。

問題界定好了之後，如果可以，盡一切可能和最重要的決策者 / CEO 確認一下，這樣界定問題有否重大不妥。如果他忙，盡一切可能要他 15 分鐘。如果你熟習金字塔原理，在問題界定這個階段，通常要他 15 分鐘就夠了。不要用電子郵件溝通，甚至最好不要用電話溝通，要 15 分鐘見面溝通的時間。

需要留意的是，有時候，甚至經常，客戶 / CEO 不一定真的知道真的問題是甚麼，就像乳腺疾病患者首診不該看婦科，看皮膚科的患者首診可能應該看內分泌科。這又一次從另一個側面也説明，界定問題本身就是解決問題的一個重要組成部份。

另一個需要留意的是，很多時候，儘管客戶 / CEO 沒接受過系統的商業管理訓練、沒在國際大

公司系統工作過，但他們對很多複雜管理問題的直覺非常好，再加上他們對於自己公司的熟悉程度，常常能快速產生洞見，他們是你解難過程中最好的潛在資源之一。善用之。

在秉承金線原理解難的一開始，問客戶／CEO問題的界定、甚至測試第一天假設，有可能引起一些CEO的警覺，特別是和你第一次合作的CEO。

「您覺得我們這樣界定這次的工作範圍和工作重點，好不好？根據團隊經驗、專家訪談、常識判斷和我的直覺，現在初始假設的解決方案是：招聘、培訓30歲左右的男性醫藥代表團隊，通過教育三甲醫院護士長，提高糖尿病患者每天使用血糖儀的頻率。您覺得這個假設靠譜不靠譜？」

「馮唐啊，你在套我心中的答案嗎？如果我完全同意且認同，你是不是可以收隊了？我是不是可以不付你三個月的諮詢費用了？」客戶／CEO可能這麼説。

「不是，我想您和我們一起思考。您贊同或者不贊同，只是一個信息輸入。我們還是會按照我們的金線原理繼續下一步的工作。即使您和我對於這第一天假設都無比篤定，您還是要付給我三個月的諮詢費用，收集事實，建立論點，支撐這個第一天假設，撰寫報告，和您的上級溝通，對您的下屬進行宣灌。打個比方，如果我們生在 500年前，我們倆篤信日心説，我們不是還得花大量時間收集證據，完成論證，以及謀劃交流方案，爭取避免你我先後或者同時被教會燒死？歷史事實是，哥白尼在 40 歲時就提出了日心説，經過漫長的觀察計算後完成了《天球運行論》，一直到臨終前才將其出版。」我可能這麼回答。

最後，不得不指出，界定問題很可能不能一蹴而就，解難進行一段時間之後，信息和數據多了一些之後，還需要回來，甚至再回來看，還需要判斷問題界定時需要修改或者進一步細化。解難開始三週後的問題界定和解難開始三天後的問題界定有可能不同，不要怕麻煩，要坦然面對變化。

最後的最後，你可能會問我：「馮老師，我只是一個職場小白，我為甚麼總要操 CEO 的心？」

我回答：「任何一個職場小白，如果想成為一個 CEO、想盡快成為一個 CEO，那從第一天開始就操 CEO 的心吧！我進麥肯錫的第一天，我的師父就告訴我，要有 CEO 視角，要操 CEO 的心。這是一個少見的正確的捷徑，如今，我悄悄告訴你。」

第四條軍規
分而治之

現在可以第一次嘗試紮紮實實豎立起金字塔啦。

把要解決的難題分解成下一層三到九個一級驅動因素／主要根源，然後再把這三到九個一級驅動因素／主要根源，每個分解成下一層三到九個二級驅動因素／主要根源，如此再往下。

通常，每層的支柱（子議題／驅動因素／主要根源）最少三個，最多九個。

為甚麼每層最少三個？直接確鑿證據，不知道。佐證有一些。比如，三人成虎，孟母三遷，三足

鼎立，三家分晉。比如，兩點不成面，三點成面，三點一定能在一個平面上，四點在絕大多數情況下不在一個平面上。比如，馮唐有幾個著名的外號：自戀狂魔、油膩老祖、馮金線，還有一個是馮三點，馮三點，講三點。人性使然，人類編碼使然。三點用最少的資源給人紥實穩定的感覺。

為甚麼每層最多九個？直接確鑿證據，不知道。佐證有一些。比如，九九重陽，九陰真經。比如，馮唐有個「不着急、不害怕、不要臉」的九字真言。人性使然，人類編碼使然。九條似乎是人類能相對容易記憶和消化的最多條了。再多，正常人類似乎就有一種天然的抵抗情緒，腦子自然而然地停止運轉，不去消化和吸收。

通常，分解到三到五層就差不多了。

我很少見到分解到九層以上的金塔，聽説敦煌最高塔也是九層，似乎人類對於九層以上的金塔興趣不大。如果打深九層還不能講透，還不如索性分成幾個層次少些的金字塔，逐個建設，然後用

一條金線穿起來。

多數普通人類在日常交流裏不喜歡金字塔，喜歡一個大平層，就像多數普通人類喜歡一個大平層的公寓而不是類似面積的三層小樓。多一層，就多燒一層腦。如果聽眾是普通觀眾，定了不用金字塔，只用平層結構，記住，你依舊要滿足「不重不漏」原則，組成平層結構的三到九個要點要不重不漏。如果你覺得九個實在不夠用，最多最多，再多給你一個。正常人類只有十個手指頭，十個還不夠，分兩個議題講吧，分兩篇文章說吧。

十個要素的大平層，古今中外，舉三個例子。

第一個例子：
摩西十誡

我是耶和華你的神，曾將你從埃及地為奴之家領出來。

第一誡：除了我以外，你不可有別的神。

第二誡：不可為自己雕刻偶像，也不可作甚麼形象彷彿上天、下地和地底下、水中的百物。不可跪拜那些像；也不可侍奉它，因為我耶和華你的神，是忌邪的神。恨我的，我必追討他的罪，自父及子，直到三四代；愛我、守我誡命的，我必向他們發慈愛，直到千代。

第三誡：不可妄稱耶和華你神的名；因為妄稱耶和華名的，耶和華必不以他為無罪。

第四誡：當記念安息日，守為聖日。六日要勞碌做你一切的工，但第七日是向耶和華你神當守的安息日。這一日你和你的兒女、僕婢、牲畜，並你城裏寄居的客旅，無論何工都不可做；因為六日之內，耶和華造天、地、海和其中的萬物，第七日便安息，所以耶和華賜福與安息日，定為聖日。

第五誡：當孝敬父母，使你的日子在耶和華你
　　　　神所賜你的地上得以長久。
第六誡：不可殺人。
第七誡：不可姦淫。
第八誡：不可偷盜。
第九誡：不可作假見證陷害人。
第十誡：不可貪戀人的房屋；也不可貪戀人的
　　　　妻子、僕婢、牛驢，並他一切所有的。

第二個例子
馮唐的古玉十條

嚴格定義，中國玉指透閃石和陽起石等軟玉。寬泛定義，包括慈禧之後，二老婆坐大，才開始流行的緬甸硬玉，即翡翠，也包括瑪瑙、水晶、碧璽、綠松石、青金石等「石之美者」。

嚴格定義，古玉是漢朝之前雕琢製造的玉器。寬泛定義，古玉是民國之前、蛇皮鑽等電動琢玉工具出現之前用手動坨具雕琢製造的玉器。

中國五千年的社會歷史，寫成了三千卷的「二十四史」。中國這塊土地上，有明確出土證據的用玉歷史八千年，從新石器時期直到如今。關於古玉，如果全部寫出來，需要多本厚書。出於長期做管理諮詢的職業習慣，再複雜的事情也要嘗試幾句話說明白，所以在古玉問題上，總結歸納最重要的十點。提綱挈領，掛一漏萬。

第一，古玉貫穿中國文化。體會中國綿延不絕的文化，沒有比古玉更好的媒介。

第二，古玉象徵五德。涵蓋範圍和各種宣灌的企業文化基本相似。

第三，古玉如好女。落花無言、人淡如菊，碧桃滿樹、風日水濱。蘿蔔白菜，各花入各眼。

第四，古玉真假難辨，如同人心。

第五，街面上百分之九十九的所謂古玉是假的，不要輕信自己的判斷。

第六，官府發現的古墓，百分之九十九已經被盜掘過。

第七，到底是唐朝古玉還是宋朝古玉，像辨別唐詩和宋詩一樣簡單，一樣複雜。

第八，在能夠承受的範圍內，買價格最高的古玉，不要買價格最低的。

第九，古玉被你擁有了，只是經手，只是暫得。古玉活得比你要長得多，陪完你，再去陪別人。

第十，個人盜墓違反國家法律。

第三個例子：
成功十要素

我痛恨成功學。首先，在我的世界觀裏，「成功」比「愛情」更難定義，或者我定義中的「成功」和社會普遍定義的「成功」相差太遠。其次，在我的認知裏，我不認為成功可以學。人可以學開刀，人可以學乞討，人可以學算命，但是人沒法學習如何成功。所謂世俗定義的成功涉及太多因素，成功不可複製。

2015 年秋天，我連續在北大、浙大、武大做了三場演講。同學們除了關心我是如何成為一個情色作家（更準確的定義是科學愛情作家）之外，似乎更關心傳說中我在北京後海邊上的院子、我在作家富豪榜上的排名、我創立國內最大醫療集團的事功。換言之，同學們還是更關心世俗定義的成功。無奈之下，職業病發作之下，勉為其難，我還是用了中國古人提供的框架，用諮詢公司訓練出的總結歸納能力，和同學們講講我認為取得世俗成功的十大要素：

一命二運三風水，四積陰德五讀書，六名七相八敬神，九交貴人十養生。

一命。我的定義，命是 DNA。從生物學的角度看，人生來從來沒有平等過。人的智商、情商、身體機能很大程度上在出生的時候已經決定了，後天努力有用，但是先天先於後天、先天大於後天。誇張點説，豬八戒再勤奮也變不成孫悟空，孫悟空再修行也變不成唐僧。

二運。我的定義，運是時機（Timing）。白起、吳起等名將如果生在寧世，只能開個養雞場和壽司料理，每天殺殺雞、宰宰魚。柳永、李賀如果生在戰時，只能當個沒出息的列兵，在開小差的路上被抓回來。

三風水。我的定義，風水是位置。人 20 歲之前如果在一個地方待過十年以上，這個地方就是他永遠的故鄉。

四積陰德。我的定義，陰德是不做損人又不利己的事情。我能理解損己利人，我能理解損人利己，我不理解損人不利己。細細思量，人做損人不利己的事，必然是控制不了自己的心魔。讓心魔控制自己時間長了，很難成事兒。

五讀書。天份好要讀書，天份不好更要讀書。現在，還有多少人每天看書的時間多過看手機的時間？

六名。我的定義，名是名聲，要成功的關鍵是名實相符。人可以欺騙一個人一輩子，可以欺騙天下人一時，但是人很難欺騙天下人一輩子。心碎要趁早，出名要趁晚。名出早了，名大於實，名聲之下，整天端着，會累死人。

七相。自古以來，人類的世界是個看臉的世界。相有三個組成成份：長相、身材、精神面貌。長得好的人，的確佔便宜。面對一張姣好的如瓷如玉如芙蓉的臉，儘管知道可能整過形、微整過容、有化妝品的功勞、皮肉之下都是骷髏，但人類還是難免邪念嫋嫋、心存憐惜。即使沒有一張好臉，

至少要保持一個好身材，即使不能保持好身材，至少要保持體重。再差再差，臉也沒有、屁股也沒有、胸也沒有，至少要保持精神面貌，每天早上面對世界微笑，遇上楊貴妃，能像安祿山一樣跳起胡旋舞。

八敬神。我敬的神，不是如今到處奇醜無比的金佛，而是頭上的星空和心裏真實的人性、獸性。設定好自己的底線，不要因為方便、因為人不知而突破自己的底線。

九交貴人。我的定義，貴人不是有錢人、有權人，不是幫你遇事平事兒的人，是在暗夜海洋裏點醒方向的燈塔一樣的人，是腿摔斷了之後的拐杖一樣的人，是非常不開心時的酒一樣的人，是渴了很久之後的水一樣的人。

十養生。從一到九，都做到，如果沒有好身體，也是空。養生不是信中醫，不是吃齋唸佛，是起居有度、飲食有節，是該睡覺的時候能倒頭就睡着。

最後的最後，即使有了世俗的成功，也要意識到，它和幸福沒有甚麼必然的聯繫，人坐在雷克薩斯（Lexus）裏也不保證不想哭。

對於上述三個大平層的例子，你花些時間讀讀，體會一下，它們是否符合了「不重不漏」的原則。

儘管立下大志要讀盡天下書、行遍萬里路、摸透十八摸，但絕大多數的書還是要一頁頁讀的，絕大多數的路還是要一步步走的，絕大多數的飯還是要一口口吃的，絕大多數姑娘／鮮肉還是要一點點摸的。一見鍾情、一夜定情、頓悟、一首詩驚天下等等，都是可遇而不可求的事，別指望。

解難也一樣，問題界定好之後，是分解。不分解問題，無法下嘴；不分解問題，無法分給其他團隊成員分頭解決。

某種印度教對於世界的說法是：各種世界總是在循環中，每個循環都是由三個基本步驟組成，創造、保護、破壞，破壞之後再創造、保護，然後再破壞。

在沿着金線原理創造性地豎立金字塔的早期，涉及很重的破壞工作：把難題分解，分解，再分解，把宇宙分解成壇城，把壇城分解成沙粒；把森林分解成樹林，把樹林分解成樹木。

破壞性分解難題時，時刻注意遵守金字塔原則：
不重不漏。

常用的分解工具包括：數理化及經濟學公式、常識、邏輯樹。

邏輯樹是最常用的問題分解工具和視覺化問題分解工具。分解同一複雜問題，可以用不同的邏輯樹。有些熟練的解難者對於同一複雜問題往往會提出兩到三種邏輯樹，然後比較，最後挑出來一個最清晰的、最完整的，以此為基礎，做下一步工作。

邏輯樹在很多情況下可以視同金字塔。玉樹臨風，立在原野裏的樹其實不就是一座塔？邏輯樹有多種樣子，沒有絕對優劣，但是對於具體問題的分解，不同邏輯樹有相對優劣。

比如「如何找到滿意的女朋友」，邏輯樹的第一層可以按照地域分：如何在北上廣深找到滿意的女朋友，如何在杭州、成都、昆明等二線城市找

到滿意的女朋友，如何在武夷山、撫仙湖、林芝、香格里拉等等人間美景找到滿意的女朋友，如何在中國之外的偉大地方找到滿意的女朋友，等等。

分解

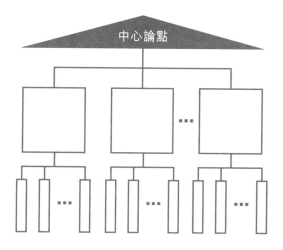

※ 科學公式：如 $E=MC^2$

※ 邏輯推導：歸納法、演繹法

※ 常識、常識、常識：人生不過詩、酒、茶

●……

●……

邏輯樹的第一層也可以按照條件來分：如何從身家一億以上的找到滿意的女朋友、如何從電影學院學生中找到滿意的女朋友、如何從舞蹈學院學生中找到滿意的女朋友、如何從官二代中找到滿意的女朋友，等等。

邏輯樹的第一層也可以按照類似標竿分：如何找到類似楊貴妃的滿意的女朋友、如何找到類似卓文君的滿意的女朋友、如何找到類似李清照的滿意的女朋友、如何找到類似婦好的滿意的女朋友、如何找到類似邱淑貞的滿意的女朋友，等等。

邏輯樹常見類型

1. 要素邏輯樹 / 主要驅動邏輯樹：比如，人類是由男人和女人構成的（當然，如果你問英國人，人類是由幾十種複雜性取向的人類亞群構成的，比如，LGBTQQIP2SAA、lesbian、gay、bisexual、transgender、questioning、queer、intersex、pansexual、two-spirit (2S)、

androgynous and asexual），GDP 增長是由消費、投資、出口驅動的。解難最早期，你和團隊面對難題所知甚少時，這類邏輯樹最好用。

2. 歸納法邏輯樹（Inductive）：從個別情況推衍到通用結論。比如，他吃，他喝，他嫖，他賭，他坑，他蒙，他拐，他騙，他偷，他打女人，所以，他是個渣男。這類邏輯樹在你對於事實有相當掌握、對於結論有所判斷的時候，比較好用。

3. 演繹法邏輯樹（Deductive）：從通用結論推衍到個別情況。在你對於通用結論基本掌握、公式或者內在邏輯非常清晰時，可以用演繹法邏輯樹。比如，商業銀行產品利潤 = 內部定價 - 成本分攤 - 壞賬損失。比如，投資資本回報率（Return on Invested Capital, ROIC）= 銷售回報率 × 銷售周轉次數；銷售回報率 = 營業利潤 ÷ 淨銷售額；銷售周轉次數 = 淨銷售額 ÷ 投入資金。完全展開可以是一本書，這裏就不完全展開了。但是需要指出的是，每多打深一層，離發現問題癥結可能就近了一步。

4. 假設邏輯樹：在假設非常清晰和內在邏輯相對清晰時，可以用假設邏輯樹。比如，假設武大郎是潘金蓮毒殺的，因為潘金蓮有作案時間、潘金蓮有作案條件、潘金蓮有作案動機、武大郎喝藥的碗上有潘金蓮的指紋等等。

5. 決策邏輯樹：如果你相對確定你要提供的問題解決方案是一系列連續的決策，就考慮用「如果—那就」的決策樹。如果蘋果公司在未來兩年大舉進入 VR 領域並且取得 30% 的市場份額，那就不投資羅永浩的 VR 創業項目了；如果不是，那就投。如果投了老羅的 VR 創業項目，一年之後，老羅公司的市場份額達到 10% 而且老羅的身心基本健康，那就追加三倍投資；如果不是，那就不追加，等等。

使用邏輯樹的一個大好處是能看到整個森林。邏輯樹在那裏，第一級、第二級分枝清晰可見，一目了然。

邏輯樹可以很簡單，一棵大樹分兩杈（最好分三

杈），也可以很複雜，到了末梢，枝丫細碎若繁花（最好別超過九層分叉）。

數理化及經濟學公式和商業常識往往是形成邏輯樹的捷徑，至少在沒有深入了解疑難問題之前，提供一些容易下手的建塔方式。

比如：

收入 = 價格 × 銷量。

價格涉及：成本、定價方式、定價策略等等。
銷量涉及：市場份額、銷售場景／渠道、銷售季節、銷售漏斗（知曉範圍、嘗試率、重複購買率、推薦率等等）、促銷策略等等。

競合策略涉及競爭和合作。
競爭涉及：願景（比如「在手機市場上打敗蘋果」）、何處競爭、如何競爭、何時競爭、競爭投入和回報等等。

合作涉及：願景、合作模式、合作責權利、合作回報預測、合作風險及其預案等等。

市場策略涉及價值定位、價值宣傳、價值遞交等等。

國家醫療政策從要素角度建塔，可能涉及公平性、可得性、成本等等。從付費方角度建塔，可能涉及全民普惠醫療保險、私人醫療保險、國際醫療保險等等。

邏輯樹的每層樹枝和樹枝之間，要盡量遵守金字塔原理：不重，不漏。只要遵守了金字塔原理，不同類型邏輯樹沒有必然的高低貴賤之分。

最好的個人建塔工具是一個筆記本和一枝筆，最好的團隊建塔工具是一個白板和一枝粗筆。

團隊的領導在白板上帶領團隊初步建了一個邏輯樹之後，還有一個好用的團隊建塔工具，就是「貼小條」：團隊成員每人一遝子 Post-it，對着初步

的邏輯樹腦暴。可以把現有的邏輯樹打深一層，可以為現有邏輯樹某些枝條提供一些具體例子或舉措。

比如：如何盡快獲得財務自由？

初步的邏輯樹是：第一級分支——盡快掙夠錢，盡量少花錢。

拿着一遝子 Post-it，你可以打深一層。比如，為第一級分支「盡量少花錢」打深出第二級分支：盡量少給自己花錢、不結婚 / 不生孩子、盡量少給別人花錢。

拿着一遝子 Post-it，你也可以給「樹枝」添點葉子。比如，給第一級分支「盡快掙夠錢」，添葉子：盡快娶個富婆、在輸得起的前提下投資一些超高倍回報的項目、加入有可能給你超高倍回報的創業公司，等等。

如果你和你的團隊成員都不能搭建一個像樣的金字塔，你們又嘗試了虐待彼此腦子兩天，還是一籌莫展，怎麼辦？三種或許有用的方式：

第一，請教真的專家。找到真的專家，約好他兩個小時時間（如果不能更多），團隊一起和他見面，給他準備一些小吃（如何給專家準備小吃，也可以成為一個解難議題，也可以通過金線原則解決），保證在訪談過程中他的血糖不低於正常水平，你或者你的一個團隊成員主問，其他人補充。

第二，大量閱讀專業書和文獻。針對要解決的難題，集中三天時間，大量閱讀所有相關重要文獻、近三年所有文獻。

第三，喝點酒之後，團隊再次頭腦風暴。為了節省時間和節省錢財，喝點容易上頭的酒，烈酒、氣泡酒（比如，香檳）。

又，如果是商業相關問題，假如毫無思路，從投資資本回報率開始，通常都不會錯。因此，建議各位讀一本關於投資資本回報率的專著，比看一堆會計類的專著更容易理解商業價值創造的總體邏輯。

真的解難高手，絕大多數的商業問題，其實需要的工具極其簡單：一枝筆、一個筆記本 / 一個白板、一個簡單計算器（手機自帶免費的那種就夠用）、一台網速快且沒限制的電腦（如果不用做 PPT 和數學模型，iPad 也夠了）。

最複雜、最值錢、最不可替代的，還是你的大腦。

我進麥肯錫之前，對它幾乎一無所知，總以為那裏應該藏了很多秘密，一個巨大無比、包羅萬象的數據庫，一群天賦異稟、訓練有素的頂尖戰略專家，甚至一些獨門管理秘籍和獨門管理工具。

其實並沒有。

沒有包羅萬象的數據庫。很多諮詢項目要用的數據要從市場上購買或者諮詢顧問自己在互聯網上搜索並估算，所有客戶資料是嚴格保密的，你最多能接觸到一些行業概況和思考某些特定商業問題的工具、方法、模板。

沒有獨門管理秘籍，沒有獨門管理工具。幾乎所有關於麥肯錫方法的書都是非麥肯錫官方的出版物。唯一一個我在外邊沒見過的工具，是一套兩個樹脂模板，畫 PPT 用的，剛進麥肯錫的時候每人一套。這套畫 PPT 的工具並不實用，在實際工作中很少用到，後來，公司也不發給新員工了。的確有些訓練有素的管理專家，他們的共同特點是教育背景優異，大學本科基本都是哈麻牛劍和北清交復，都呈現非常明顯的結構化思維和結構化表達。

「為甚麼我們用的便攜式電腦都不是最貴最強力的呢？」我剛進公司的時候問我的導師。

「我們是靠腦子吃飯的，賣腦力為生的。我們不是靠賣算力為生的。」我的導師回答。

除了筆記本電腦之外，我在麥肯錫十年用得最多的工具是：筆記本、鋼筆、計算器、白板、星形電話和座椅。

從小學一年級開始，我就有拿筆記札記的習慣，到了麥肯錫就更離不開紙和筆。每個本子，我把開始使用的日期和手機號寫在第一頁，如果丟了，有人撿到後通過手機號找到我並送回，獎勵 1,000元人民幣。首頁之後每一頁都一分為二，左側佔五分之四，記錄工作相關的事情，右側五分之一，記錄腦子裏的文藝和其他怪事情。每個本子倒數的幾頁都是用來記錄 To-do（要做的事兒）的。這個習慣延續到離開麥肯錫之後，這樣 20 多年下來，和進麥肯錫之前的札記放在一起，小小的一堆，小 100 本，是最真實的個人的中國改革開放史，是我的追憶似水流年。

進麥肯錫第一年的聖誕節，我給自己買了一枝萬寶龍鋼筆，安慰自己的辛苦，也希望最多接觸的一個物件能有很好的質感，提醒我對於自己工作質量保持高要求。

我上商學院的時候買了一個 HP-12c 計算器，進了麥肯錫繼續使用。這個專門為金融計算設計的計算器和常規計算器的按鍵方式不同，我用慣了之後，比常規計算器好用很多。更重要的是，和客戶開會的時候拿出來，顯得非常專業，懂行的客戶心中暗暗佩服。後來智能手機普及了，內置計算器足夠用了，再帶着這樣的計算器進會議室就顯得非常裝逼，懂行的客戶心中或許暗暗咒罵。我就不再帶在包裏了。

白板是團隊頭腦風暴的神器。松下有款帶打印功能的白板是我離開麥肯錫的時候最想帶走的三件神器之一。後來智能手機的拍攝功能越來越先進，這種特殊白板也變得雞肋了。白板上寫完，手機一拍就好，必要時再打印出來就好。

另一件想帶走的是星形電話，Polycom 公司的，電話會議神器。後來智能手機的耳機和喇叭越來越好，這種電話會議神器也變得雞肋了。這麼看來，智能手機真是幹掉了不少其他工具。

另一件想帶走的是座椅。麥肯錫的座椅非常舒服，連續四五個小時坐在椅子上做財務模型或者寫 PPT 報告，不覺得累，腰不痛。聽我導師說，這種座椅很貴，公司花了大價錢。後來麥肯錫香港辦公室從長江中心搬走，傢具全換新的，用購入價十分之一的價格處理舊傢具。我買了四把舊座椅回家，這四把座椅就跟着我到了今天。這是唯一一個沒被智能手機幹掉的麥肯錫神器。

第五條軍規
去繁就簡

去繁就簡三秋樹，領異標新二月花。

如果電影是門遺憾的藝術，那麼管理學就是門委屈的科學。在管理學裏，最佳方案往往是妥協的結果。沒有一個個體、機構和團體是在沒有任何限制條件下做事的。

有些議題涉及的價值太小，沒必要花時間。有些議題涉及的問題根深蒂固，沒有任何改變的可能，也沒必要花時間。從兩個維度去看待邏輯樹的所有樹枝：潛在價值大小，改進可能性大小。如果時間和資源充裕，可以砍去潛在價值小、改進可能性小的一切樹枝。如果時間和資源不充裕（這是更常見情況），直接只保留潛在價值大、改進可能性高的樹枝。如果樹枝還是太多，再給你一個砍樹枝的維度：解難難易度。砍掉非常難的議題，或者先從容易些的議題開始。

所以，設計解決方案時，不要求完美，不要戀戰，從最開始就要敢於和樂於砍去應該砍去的一級和二級議題。

決定不做哪些和決定做哪些一樣重要。有些時候，少就是多。決定不做哪些可以讓你集中腦力去仔細研究那些你決定要做的分析，在那些重要分析上打深一層、甚至兩層。

對於有潔癖的人，克服潔癖是困難的。最困難的是第一步，認識到自己有病。我不在這本書裏探討，我是如何在過去 30 年和我的精神分裂症傾向、強迫症、焦慮症和劃痕症作鬥爭的。如果你不能認可「少就是多」、「少其實是為了多」、「貪多嚼不爛」等等極簡主義基本信仰，那你可能需要逛逛墓地、去趟醫院 ICU、剃個禿頭或者在夜裏抬頭好好看看星空。

建金字塔次數多了，砍邏輯樹砍多了，你會有一種類似修枝和做手術的快感。

基本邏輯、常識和基本商業知識是你修枝的基礎，如果這些不足以給你修枝的勇氣，找個相關行業專家或者職能專家深入聊一下。

沿着金線搭建邏輯樹的時候，需要秉承金字塔原理（不重不漏）。但是金字塔已經豎立起來了，邏輯樹已經被認真討論，在制訂工作計劃、具體分析議題之前，是砍枝砍葉的時候了。生命苦短，資源有限，不要戀戰。你的最終目的不是讓金字塔看着好看，不是獲得完美答案（記住，沒有完美答案，只有最好答案），你的目的是解難。金字塔只是工具，不是要追求的目的。

奧卡姆剃刀定律（Ockham's Razor）指出：如無必要，勿增實體，越簡單，越有效。奧卡姆剃刀定律是由 14 世紀英格蘭邏輯學家、聖方濟各會修士奧卡姆的威廉（William of Ockham，約 1285 年至 1349 年）提出的。他在《箴言書註》2 卷 15 題説「切勿浪費較多東西去做，用較少的東西，同樣可以做好的事情」。

另一個角度是：用較少的東西，在同樣成本下，可以用更高質量的東西。思考較少的議題，在同樣時間和腦力下，可以產生更高質量的分析。

用你的奧卡姆剃刀去砍掉你金字塔上任何明顯多餘的東西吧。

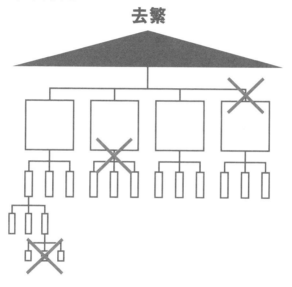

去繁

※ 集中精力做大事
※「二八原則」
※ 短髮女生也可愛，和尚也美

第六條軍規
工作計劃

在問題界定明確和邏輯樹明確之後，需要制訂一個切實可行的工作計劃。工作計劃應包括：工作流（邏輯樹的某個或某幾個分支）、責任人、協助人、遞交物，以及遞交時間，等等。

核心團隊成員一直需要知道：各個成員都在做甚麼、大致在怎麼做、為甚麼要這麼做等等。團隊的整體目的確定之後，效率最高的做法是各個核心成員的努力能形成合力。在管理學領域，很多腦力超群的團隊（甚至包含一個或幾個天才級別的團隊成員）最終不敵腦力一般的團隊，主要原因就是腦力超群的團隊不能齊心協力，個別人拿出去，兵是兵，將是將，但是一起拿出去，就不是一支有戰鬥力的隊伍，甚至構不成一個能打的團夥。

帶很強的隊伍，我常常想起俄國寓言《天鵝、梭子魚和蝦》。

天鵝、梭子魚和蝦是好朋友，牠們三個商量着，準備一塊兒拉車子到城裏去。

這天，牠們把車子準備好，東西也都放上去了。三個好朋友把拉車的繩子套到身上後，開始拉車了。可是，牠們使盡全身力氣地拉，車子卻一動也不動。咦，到底出了甚麼毛病呢？我們來看一看。

天鵝把繩子的一頭拴住車子，自己拉住了繩子的另一頭。然後，展翅飛向高空。蝦呢，牠只會往後蹦，牠把繩子套在身上拚命地往後拉去。至於梭子魚呢，牠更乾脆，拉住另一個繩頭，往池塘底下猛拽。

牠們三個都在拼命地拉，可是忙了半天，車子還是在原處。

天鵝、梭子魚和蝦是好朋友，牠們有一個非常明確的共同目標，牠們也都按照牠們自己對於任務的最好理解（這也常見。幾乎所有人都是從本能出發按照自己的想法去做事的啊），盡了最大的努力，但是車子一動不動。

如果牠們不是好朋友，如果牠們沒有明確的共同目標，如果牠們沒有盡心盡力幹，情況或許更糟。

到底出了甚麼問題？

團隊不能齊心協力最主要的原因是：沒有商定一個共同認可的工作計劃（Work plan）和明確工作方式（Team norm），而不是團隊中有個別人故意破壞或者極度不合群。極度不合群的，甚麼時候都要在舞台中心閃爍的，不管現實如何打臉總是覺得自己特別棒的，的確有，但是達到極端狀態的，的確不多。在我前半生裏，我只見過兩三個。他們都有比埃及胡夫金字塔還大的自我，「要麼名垂青史，要麼遺臭萬年」，詳細描述他們的各種糗事遠遠超越了本書的範圍，且待下回分解。

工作計劃確定之後，解難進行一段時間後，可以根據實際情況調整。

在團隊成員之間相對平衡地分配工作，避免忙的忙死，閒的閒死。

結合工作需要和學習需要分配工作。一方面滿足團隊成員學習新技能的需要，一方面兼顧工作效率，按質按量完成工作。

不要低估年輕人和新人的學習能力，不要低估年輕人和新人產生的新視角，不要低估通用管理學的工具、方法、模板的作用。聰明好學的年輕人，正確學習掌握相應的工具、方法、模板後，對於解難所能產生的巨大能量，往往讓我驚喜。

最早看出皇帝新衣問題的人，最早高聲喊出皇帝新衣問題的人，是個孩子，不是那些成人。為甚麼會這樣的詳細分析也遠遠超出了本書的範圍，且待下回分解。

通用工作計劃模板如下：

工作計劃

議題	假設	分析	資源	責任人	遞交時間	遞交物

制訂工作計劃中的常見錯誤如下:

一、沒頭蒼蠅:一直超級忙碌,基本不睡覺、不吃飯,一直在做各種分析。其實,一直在做無用功。和剪枝後邏輯樹的無關分析,不要做。已經到了工作計劃階段,不要再説「我花點時間、找點資料,想想那個不在工作計劃裏的事兒」。

二、沒有遞交物:一直超級忙碌,一直在做該做的分析,但是要交稿時,就是交不出來東西,或者交出來的東西都是垃圾。要時刻提醒自己,使命必達,要有時間觀念和最終遞交物思維:「我在甚麼時間之前一定要交甚麼。」關於遞交物的最佳實踐是:把最終遞交物的樣子在第一天 / 第一階段就呈現出來。在制定工作計劃時,不要先安排做具體分析的計劃,要先安排做最終遞交物的計劃。逼着自己和團隊先寫出最終遞交物的框架:故事線(Storyline,Word 文件) 和故事板(Storyboard,PPT 文件)。這樣,團隊工作更容易聚焦,團隊成員做的每一個分析、每一張PPT 都對最終解難方案有直接貢獻。

三、沒有截止時間：不可以沒有截止時間（Deadline）。除非極其特殊情況，要像敬畏星空和神靈一樣敬畏截止時間。遇到困難，可以溝通，可以尋求幫助。但是，不能允許在截止時間不遞交成果。臨近截止時間前後，不接受任何不能在截止時間之前完成任務的藉口。

四、挑硬骨頭先啃：別擰，別犯傻，先做意義最大的分析，先做容易做的分析，然後再做意義挺大但是難度超大的分析，最後再做那些錦上添花的分析。

五、板子打不到人：三個和尚沒水吃。必須明確責任人，某個具體事情如果沒有第一責任人，就是沒有責任人。

六、花太多時間在工作計劃上：工作計劃不是工作的全部，它只是工作的一部份，高效的工作計劃不能超過兩頁，最好只是一頁。哪怕你是項目經理，你也不要做工作計劃做上癮。多花時間在具體議題的分析上，而不是在工作計劃上。做工作計劃，前三個星期具體一些就好，不要試圖把三個月的工作計劃都做得天衣無縫。你做不到，而且還會消耗大量時間和精力。無常是常，變是唯一的不變，前三個星期的工作很可能改變如今覺得非常完美的邏輯樹。過了三個星期，再細化下一個三個星期。

最後，即使你是項目經理，你也要給自己安排一些非常具體的議題分析。身先士卒，永遠是極其有效的激勵團隊的方式。

第七條軍規
調查研究

進去的是垃圾，出來的也是垃圾（Garbage in, garbage out）。

如果輸入的信息質量差、甚至不真實，那麼再好的分析也只能產生完美的錯誤結果。一塊臭肉怎麼也做不成一塊美味的東坡肉，一塊黃銅怎麼也拉不出一條金線。

收集資料往往需要耗費大量時間。

如果可以花錢買數據，那就花錢買（當然要小心數據質量和數據口徑），不要消耗你或團隊成員寶貴的腦力。

不要試圖擁有所有數據。擁有全部數據是不可能的，沒有全部數據也不應該成為你不能做分析、提出解難方案的藉口。

基於事實。不要給數據上酷刑。

帶着問題去收集資料、帶着假設去收集資料。在收集資料、分析議題、總結歸納新發現的同時，時時刻刻想着，這些新信息對於解難方案的假設意味着甚麼、我們還迫切地需要知道甚麼、我們距離拿到最佳解難方案還有多遠。

一個常用的、隨時總結當下解難方案的工具：福爾摩斯探案。誰在甚麼地方甚麼時候幹了甚麼？如何幹的？為甚麼要這樣幹？（Who, what, where, when, how, and why）

舉例：女王懷孕了，誰幹的？

另一個常用而且好用的、隨時總結當下解難方案的工具：標—本—藥。

標：如今的問題是甚麼？症狀是甚麼？有哪些重要表象？機會是甚麼？

「不要給我一大堆無序的數據和雜亂的事實。我不想讀你的《追憶似水年華》，我想知道你過去 12 個月運營現金流的遞減速度。」

本：問題的根源是甚麼？

「別扯甚麼今晚的夜色很美，別唱《滿江紅》，深挖思想根源，你到底為甚麼成了油膩的中年猥瑣男？」

藥：如何去病根兒、消病症，開花結果，創造價值？

「別説那些放之四海而皆準的片湯話，『我們要激發所有人的潛能，我們要以人為本』、『萬眾創新、大眾創業』，到底要怎麼做？越具體越好，越明確越好，行動越清晰越好。生死看淡，不服就幹。」

再舉個例子：

標：又年輕又美又「哈麻牛劍」又一米七八又一頭黑長直髮的富二代小妹妹，長期找不到男朋友。

本：不是性取向問題，她是純直女。不是性格問題，她不打男生，不罵男生，也不死宅。高度懷疑，她父母對她要求太高，對於她的男朋友要求更高，呈現「要，又要，還要」綜合症。比如，要求潛在男友年輕、帥氣、本科「哈麻牛劍」畢業、身高一米八五以上、六塊腹肌以上、淨資產3,000萬美金以上、無精神疾患、其父母沒可以預見的牢獄之災，而且未婚，最好沒有婚史甚至還保有童男之身。

藥：讓父母醒醒，全面降低標準，建議只剩一個──好看，好看到女兒一看就想撲倒他。

第八條軍規
集思廣益

解難的團隊結構需要扁平，最好兩層，項目經理和項目成員。不要超過三層，項目分管領導、項目經理和項目成員。

如果大集團裏不允許有這種扁平結構，那就成立特別項目組／領導辦公室，專門為一些項目成立，項目做完就解散。

所有項目成員（含項目領導）都要參與到解難的腦力工作中來。項目領導和項目經理不能高高在上，必須下場，濕手、濕腳、濕身，和大家一起頭腦風暴、集思廣益。這才能保證解難方案的質量，這才能讓新人高速成長、讓領導不脫離前線，這也是快樂的源泉。「把問題想清楚、說明白，爽，很爽，特別爽！」

頭腦風暴。頭腦，風暴。頭腦是好東西，你要用起來，「讓風暴來得更猛烈些吧」！甚麼叫風暴級別？頭腦風暴之後，你如果感到你自己的腦漿子有些木、有些痛，那才算風暴級別。

頭腦風暴

※ 要腦子們參加，而不是「行屍走肉」
※ 要腦子們清醒靈動之時，必要時，微醺
※ 不要超過兩個小時，最好 90 分鐘之內
※ 別看手機

在頭腦風暴中，沒有人員行政級別的高低，大家都是頭腦風暴的一員。崇尚邏輯和智慧，最好通過腦暴達成共識，以金線原理服人，以智慧服人，項目領導也沒有一票否決或一票贊成權。

三個臭皮匠勝於諸葛亮，要相信幾個人類頭腦碰撞的力量。儘管做過這麼多次頭腦風暴了，我還是常常驚詫於頭腦風暴產生的神力。如果按照本書交代的原則進行頭腦風暴，一個人腦加一個人腦絕對可以大於兩個人腦，你能理解為甚麼人類能夠在過去十萬年裏戰勝那麼多天災和猛獸，達到如今的繁盛。

再好的作家也需要「起興」，再強的頭腦也需要「起興」。平等、盡力、盡興之外，頭腦風暴時不要講太多規矩，誰想說甚麼就說甚麼，先說的頭腦往往可以激發其他頭腦，後說的頭腦進一步激發已經說完了的頭腦，如此頭腦相互激發，形成完美風暴。

需要在團隊成員腦子最有精力和創意的時候來做，必要時，喝點酒，微醺。適量的酒精可以讓人腦子變快，話變多，甚至突破一些微醺前突破不了的腦力桎梏，讓金線金光閃閃。

幾個天資聰穎、訓練有素的頭腦進行頭腦風暴，能產生的能量是驚人的，能給參與者帶來的滿足感是爆棚的。我真心希望，你看完這本書，反覆練習金線原理，反覆進行頭腦風暴，再看一遍這本書，兩三年之後，你也能成為一個強悍的解難者（Problem solver）、成事者（Someone who gets things done）。在我解難的實踐中，我觀察到，兩三個強悍頭腦腦暴的效果常常遠超一個強悍頭腦自己冥思苦想、皓首窮經，一加一絕對大於二。腦力是人力中的原子能，人力中的魔力，集體腦力形成的頭腦風暴更是原子能中的原子能、魔力中的魔力，善用之！

在頭腦風暴的過程中，不要滿足於平庸和夠用，要壓榨你自己和團隊其他成員的頭腦，務期獲得真知灼見。

培養和使用腦力，產生智慧，是性感的。參與強悍腦暴是超爽的一件事，甚至觀察強悍腦暴都是超爽的一件事，彷彿看火中的煙火，看石頭中的寶石。

我懷念在麥肯錫的時光，最常懷念的還是那些強悍的頭腦風暴。三四個人，一塊白板，一個晚上，一個「不唯上、不唯書、只唯實、只唯智」的解難氣氛。不覺天光漸白，大腦累癱，拒絕再轉，「就到這兒吧，就是它了。如果我們沒想好，地球上沒有其他活着的人能比我們想得更好」。關上電腦，回酒店睡覺，內心充滿捨我其誰的腫脹。

這種腫脹類似協和醫學院老教授們給我講責任時的腫脹：「患者和死亡之間最後剩下的一道防線就是你，你是協和的醫生。在你想偷懶的時候，在你想放棄的時候，你就想想剛才我告訴你的那句話，你是最後一道防線。」

Brainstorming

晚上 12 點之後，最好不要頭腦風暴。否則，可能
嚴重影響睡眠。

共想

SUN

※ 晚上 12 點之後不再開會
※ 週末不開會
※ 太餓不開會（按時三餐）

　　做具體分析時，常常會犯以下五種錯誤：

一、確執。死抓着第一天假設和第一天解難方案
不放，拼命要確認它，忽略任何與之不同的信息
和聲音。在生活中類似的事情是奶奶魔咒，「我
奶奶說的，崴腳之後要熱敷」、「不對，我姥姥

教我的，崴腳之後要冰敷」。

二、初執。死抓着最初一組數據或事實提示的答案。在生活中類似的事情是初戀魔咒，「曾經滄海難為水，除卻巫山不是雲」、「記得綠羅裙，處處憐芳草」。

三、喪執。死抓着沉沒成本不放。過去的經驗教訓和人脈是有用的，但是過去的沉沒成本沒有任何用處。放下，放下，放下。多想它一次，都可能造成對未來判斷的負面影響。多看它一眼，就是你輸。

四、有執。你有的，你會的，你擅長的，不一定是最好的、最適合的、最正確的。「已有」可能是「將有」的敵人。

五、信執。過度自信，過少考慮可能的風險，特別是一些似乎小概率的巨大風險。

第九條軍規
數據說話

多數時候，在商業環境裏，數據比文字描述往往更準確可靠。

多數時候，在商業環境裏，用不到高等數學和理論物理，甚至中學時候學習的幾何和三角都用不上。但是，有時候會用到統計學軟件，更多時候會用到統計學思想。如果你想在商業環境裏顯得更科學一點，建議選修統計學，如果已經學過，建議再重新看兩遍。

除了頁碼之外，如果連續三頁 PPT 上面沒有一個數字，很有可能有人在偷懶，在憑藉自己的經驗做純輸出，另外一種可能是，有人在狂噴（Bullshitting）。

如果有人總是不用數字說話，總是用非常模糊的定性語言描述經營狀況和經營結果，很可能讓周圍人非常抓狂。

請問，最近馮唐的新書《成事》賣得如何了？

還行吧。

請問，還行是多少？

還不錯。

請問，還不錯是多少？

以前進的貨都賣空了，最近進的貨還剩一些。

請問，以前進了多少貨？多少天賣了多少？最近進了多少貨？還剩下多少？還能支撐多久？再進貨需要多少時間？出版公司自己還有多少庫存？還能不能供得上？你知道嗎，加印也是需要委印單的，加印也是需要時間的。

應該差不多可以吧。我想，應該差不多可以。我去盤點一下哈，我也去問問上游貨源哈。

嘿嘿。呵呵。嘿嘿。

用數據說話，盡量用數據說話，盡量逼自己用數據說話。這樣，管理容易越來越精確，別人也越來越不會被你逼死。

數據的確也是有彈性的。它可以更「滿江紅」一點，也可以更「聲聲慢」一點，可以指向正東，也可以偏東。就像有些女生（當然男生也一樣）化化妝、穿件適合自己的衣裳、喝幾口酒，魅力值就比平時高好幾度。但是不要期待質變，不要期待豬八戒他二姨在妝容、服飾和酒精加持之後就能變成林青霞。

我上商學院的時候，有門課叫數據挖掘（Data mining）。授課教授辦公室的門上貼了一個條子：如果你嚴刑拷打數據，它甚麼都能招。（If you torture the data hard enough, they can yield to anything.）

我想強調的是，要客觀。如果你用常規的數據處理方式第一遍處理數據，呈現三七開的結論，若果和你的最初假設不完全相符，那麼你最多按摩數據，讓結果呈現四六開。如果你拷打數據，讓數據呈現五五開甚至六四開的結論，你就是在説謊。説謊的人，特別是用數據説謊的人，不能留在團隊裏，盡快開除。

在用金線原理解難上，不説謊，不是金線，是底線；不是高要求，是最低要求。

hey can yield
to anything.

第十條軍規
依靠常識

常識是甚麼？常識是多數人沒有的那些東西。

增加常識的方式不多，這麼多年來也沒甚麼變化：多讀書（含定期閱讀《經濟學人》[*The Economist*] 這類有營養、有常識、視野寬闊的雜誌），多行路，多逛博物館，多接觸社會／多做事／多成事／多掙錢，多接觸有常識的人／多聽有常識的人講話。

另外，常有意識地記數字，讀任何文章和書籍時，遇上任何數據，有意識地記記。不求每個數據都記得，只求留下一些印象，這些印象可以相互參照，做比較，完善自己腦子裏對於世界的基本看法。

菲律賓是個小國？不不不，菲律賓人口超過一個億。

倫敦，吃得很差？不不不，那是多數人的刻板印象。倫敦有五家米其林三星餐廳，數量和紐約一樣。

我對常識的定義：八九不離十，不必很準確，但是大致不離譜，不求尋常巷陌，但求大方向正確。如果打深一層，常識是人類主要學科裏最基本的原理，數、理、化、天、地、生、文、史、哲。數學的常識是小學應用題、代數、幾何、基礎統計學。物理的常識是從牛頓、萊布尼茲到愛因斯坦，是經典力學三大定律和萬有引力定律，是熱力學三大定律，是狹義和廣義相對論。化學的常識是元素週期表，是反應方程式，是無機化學、有機化學、定量化學、物理化學、生物化學等二級學科裏最基本的知識。天文學的常識是星圖，地理學的常識是地圖，生物學的常識是基因，文學的常識是 100 部經典長篇小說，史學的常識是《資治通鑒》和《全球通史》，哲學的常識是《諸子百家》和《西方哲學史》。

第十一條軍規
善用專家

專家用好了，是一條捷徑中的捷徑。「聽君一席話，勝讀十年書。」

專家用得不好，你的解難方案可能充滿僵化的成見，一股平庸老專家的味道，質量低下。

在用專家的過程中不能失去自我，你的腦子、你團隊的腦子，永遠是金線原理的執行者。不能用別人的腦子代替自己的腦子，不能讓你的腦子僅僅成為一個簡單的匯總信息工具。簡單匯總信息，AI 已經能做得很好了。

如何判斷一個專家是不是個好專家？看他教育背景：本科所在學校、碩士 / 博士所在學校、導師

是誰？他長期工作的所在機構是否夠專業？看他的著述和出版物，用你的腦子判斷，他是否有料。看他在行業中的口碑如何。和他見面聊聊，用你的腦子判斷，無論是否受過嚴格訓練，他是否有足夠的結構化思維和結構化表達的金線。

注意，慎用已經長期當了官員的專家。

如何善用專家？其中非常重要的一條還是你自己要會問問題、問出好問題。會問問題是一個超級能力，最好的練習方式是秉承金線原理解難題、多解難題、持續多解難題。在解題過程中，沿着金線原理多問好問題（和專家測試你的假設、數據／事實的質量、金字塔／邏輯樹是否不重不漏、邏輯論證是否紮實等等）。另外，觀察周圍，看誰非常善於問問題，不容分說就拜他為師，多多觀察他如何問問題。

第十二條軍規
善於估算

解難者的估算能力是另一個超級能力。在麥肯錫，我們形象地把估算稱之為信封背面計算（Back of envelope calculation）。意思是，哪怕一個超級重要的數字，你也可以用一枝筆在一個信封的背面計算出來。不用超級計算機，不用 PC，甚至不用計算器，只用一枝筆，只用信封背後那麼一點空白地兒（信封正面寫了收信人的地址和姓名，空白地兒實在太少了）。

有些估算需要依仗一些基本數學原則。比如，72原則（Rule of 72）：72 除以增長率的 100 倍就是基數翻倍的年數。比如，1 億銷售額，每年大致增長 8%，9 年左右，銷售額達到 2 億。

大多數估算依仗的是常識、洞見以及司馬光砸缸式的機智。

2022 年 6 月 23 日，我在倫敦的住處終於安裝光纖寬帶了。我在倫敦住在白金漢宮旁邊，查了一下威斯敏斯特政府的檔案，房子有小 300 年的歷史了，估計原來是給在白金漢宮上班的人住的。因為周圍太多歷史文物級的建築，缺少現代化基礎設施，能接入房子的寬帶還走原來的固定電話線，最高上傳速度是每秒鐘 2MB，而我一週需要上傳 100GB 左右的講課音視頻素材。終於有一天，房子前面的小路被刨開，裝了光纜。我登記四週後終於被通知，可以光纖入戶啦。我看着撅着屁股在書房牆角打眼兒通光纖的工作人員，想起了 1985 年夏天我家初裝電話的那個陽光明媚的下午。

1985 年，我還上初中，電話還是個稀罕玩意兒。我哥已經開始工作，做導遊，走在改革開放的最前沿，需要一部電話聯繫業務。裝電話那天，我哥還在帶旅行團，我放暑假在家，一邊看書，一邊招呼安裝電話的工作人員，他們三人叼在嘴角的香煙一旦快滅了，我就給人家補上一根兒。我記得非常清楚，我哥說，我們家級別不夠，父母

和他都不是夠級別的官員，安裝電話需要一大筆初裝費，人民幣 5,000 塊。我當時只知道是一筆巨款，但是到底有多值錢，我沒概念。

問題來了：1985 年北京電話初裝費人民幣 5,000 元相當於 2022 年多少錢？

我的答案：相當於人民幣 50 萬到 200 萬元左右。

我的估算：我爸媽 1985 年每月的工資是人民幣 50 到 100 元左右，我爸媽這個級別的技術員在 2022 年每月的工資應該在人民幣 1 萬到 2 萬元左右，是 1985 年的 100 到 400 倍。用這個 100 到 400 倍去乘以人民幣 5,000 元，就是人民幣 50 萬到 200 萬元。如果需要進一步縮窄範圍，就報 100 萬元左右。

下一個有意思的問題是：如果 1985 年你在中國，你有 5,000 元人民幣，投資甚麼到 2022 年回報最高？這個問題就不在這本書裏展開啦。

2020 年春節，新型冠狀病毒開始肆虐。當年 2 月，有些機構（包括麥肯錫）開始估算新冠疫情

在 2020 年對於中國經濟的影響。我看了幾家的估算，覺得都不靠譜。一時技癢，還是自己來吧，拿起手邊一個信封，翻過來，用信封背面的空白粗暴估算。

我的答案：2020 年，新冠疫情給中國造成的損失在 1 萬億美金左右。

我的估算：2019 年中國 GDP 為 13.6 萬億美金 ÷12（一年 12 個月）×2（新冠疫情嚴重影響 2 個月左右的總體經濟，暫時略去 2 個月之後的影響）÷2（假設總體經濟可以粗暴地分為「宅經濟」和「非宅經濟」，假設兩類經濟各佔經濟總量的 50%）×0.8（假設「宅男費紙，宅女費電」，新冠疫情期間，「宅經濟」不受影響；假設「非宅經濟」受到重創，下降 80%）。這樣算下來： $13.6 \div 12 \times 2 \div 2 \times 0.8 = 0.907$，即 1 萬億美金左右。

Back of envelope calculation

第十三條軍規
慎用殺器

大殺器就是複雜計算工具。慎用！哪怕再複雜的計算工具和無常是常比較，還是簡單到可笑，所以人類沒有已知的複雜計算工具可以預測明天任何一隻股票的漲跌。另外，再複雜的計算工具，其精確度取決於輸入數據的精度。如果有選擇，寧可選簡單的計算工具，花更多時間和精力在梳理輸入數據上。

儘管你帶着幾個宇宙最強大腦，面對世界上最複雜的管理問題，儘管你和你的團隊成員都精通各種複雜統計軟件甚至能自己編程，請抑制住自己使用複雜計算工具的衝動。

狗改不了吃屎，人總是重複歷史，幾千年過去了，我們人類面臨的多數管理問題還是和《資治通鑒》裏描述的類似，我們解決這些管理問題的工具、方法、模板其實和《資治通鑒》裏描述的工具也

類似。《資治通鑒》裏沒用到過高等數學,我在麥肯錫十年,也沒用到過。解決管理問題的難度在於金線原理(結構化思維和結構化表達)的理解和掌握、人性編碼的熟悉、常識的豐富和創意的精彩,「世事洞明皆學問,人情練達即文章」。

我在麥肯錫十年的工作中,用到最多的數學是算數,是小學高年級的應用題。我在麥肯錫十年的工作中,沒用到過高等數學,沒用到過計算機編程,用到過最複雜的計算工具是 Excel、Access 和 SPSS。

遠離高等數學、多元迴歸、機器學習、博弈論等等。如果你大學學的是數學、力學、理論物理等等,如果你有抑制不住的顯擺自己數學修為的衝動,我建議你深入鑽研統計學及其相關數據挖掘,這些和解決實際管理難題關係近一些。

第十四條軍規
狂開腦洞

避免思維定式。自由思想，獨立精神，聽上去玄遠冷峻、高簡瑰奇，其實非常耗能，絕大多數人做不到，有些人想做，也是葉公好龍。

你熟練掌握了結構化思維和結構化表達的金線原理之後，你可以及格地處理這個世界上的一切難題。但是，金線原理只能保證你在絕大多數問題上拿到七八十分，不能保證你拿到 90 分甚至 110 分。金線原理完全不能保證你有創意。

但是我至少要在這本《金線》裏和你強調：金線原理是一切的基礎，但是有時候並不足夠。如果你想拿更高分，你需要狂開腦洞，你需要創意。

如何開腦洞？如何獲得了不起的創意？我不知道。因為我不知道，我意識到 AI 的局限：人腦都

不知道神來之筆是怎麼來的，如何設計計算方式讓 AI 能有神來之筆？

我能想到的有助於開腦洞的方法：逼自己換個角度看一些核心議題，換個方法做一些核心分析；喝酒，多喝酒，多喝很多酒；去大自然裏，去大自然裏跑十公里，在湖邊發呆，被落花和墜落的蘋果砸頭；多逛博物館，包括現代藝術博物館；多讀書，多讀奇書（含《不二》和《素女經》）；多去一些古怪的地方；多和怪人、奇人喝酒聊天。

我因為從小愛看書，參加工作後又一直超級忙碌，我一直暗示自己多讀書、多幹活就夠了，「世間數百年舊家無非積德，天下第一件好事還是讀書」。但是 40 歲之後，各種機緣巧合，我開始主動去一些地方（原來去任何地方，全是因為工作出差，出差就是機場、酒店、會議室三點一線），更廣泛地逛博物館和美術館（原來即使是看大英博物館和大都會博物館，也只是看我最感興趣的中國高古玉器和高古瓷器），更厚臉皮地約見怪人、奇人。我發現，光讀書和幹活還是不足夠的，新的地方、博物館 / 美術館還是能給我很多新的啟發，增長智慧，積蓄狂開腦洞的能量和可能。我還發現，還是要見一些有趣的活人，見活人喝

酒聊天獲得的信息遠遠多於看他們的作品或者看他們的視頻。

如果某個解難過程中非常需要狂開腦洞，認真考慮組隊時引入背景獨特的隊友，比如本科學美術史的、有精神分裂傾向的、有成年過度活躍症的、出過詩集的、登頂過珠峰的、連續創業失敗的，等等。

我測過我的基因組。我的基因報告顯示，在疾病易感性這個維度上，其他都基本正常，但是精神分裂症傾向超過常人 132 倍。我表面淡定，內心驚恐，找精神科著名的馬教授請教。

「別擔心，你 30 歲之前沒發病，30 歲之後發病的可能性就不大了。而且，還恭喜你。這種精神分裂症傾向很可能幫助你從事多種性質完全不同的活動，幫助你跨界成功。你又能做企業管理，又能寫情色小說，和這種精神分裂症傾向很可能正相關。」馬教授說。

第十五條軍規
耍滑偷懶

在管理的世界裏，偷懶和不作為有時候是一種美德。比如，CEO「偷懶」，放手讓手下去按照自己的想法往前做。比如，在解難過程中，願意接受一定的不確定性，不求盡善盡美，基本夠用了就不再窮追猛打，見好收兵。

和二八原則類似，耍滑偷懶不是真的耍滑偷懶，是為了成就更多。而且，耍滑偷懶在更深一層還有兩種智慧：授權給別人去做的勇氣和擔當，明白人力有限所以接受天命。

要明白，你還有更重要的事情要做。別人，特別

是你的領導，除了這件事兒之外，還有更重要的事兒要做。

我在麥肯錫有過很多不能合眼的夜晚（All-nighters）。每次整個晚上沒覺睡，我的肉身都非常痛苦，好幾天緩不過來。最多一次，我 68 小時沒有合眼，合眼之前我在酒店房間裏照了一下鏡子，本來全黑的鼻毛白了兩根。

每個不眠之夜後，我都複盤。我可以確認，幾乎每個不眠之夜都是不值得，都是為了某個沒想明白的領導而做了無效工作。

奉勸所有霸道總裁，放下我執，留下最後一句負面評價在自己的肚子裏。與其批評，不如請團隊成員放下手裏的活兒，走出寫字樓，去清風朗月裏喝杯酒。

第十六條軍規
秉持公心

做公司，最重要的是人，人是一個公司的核能。但是，人開始一起做事，事大於人，「戲大過天」，我們一起發力做的這個事兒，在這段時間裏，大於你我，甚至大於天。事兒大於人，更大於你自己的自我（Ego）。

在事兒面前，人退後。在團隊的利益面前，個人退後。事兒成了，人就成了。團隊牛逼了，隊長和團隊成員也就牛逼了。

我在麥肯錫的時候，誠心請教過我的一個長期客戶：「老哥，您這麼多年做了好些投資和併購，包括併購一些歐美企業，至少現在看，沒有一個失敗，全是成功。這不符合常識啊！您的成功秘訣是甚麼？」

「沒有私心。在做項目時，沒有私心，把自己放在事兒後面。」我客戶和我說。

「就這麼簡單？不是您天賦異稟？」

「就這麼簡單。我沒啥天賦，我普通人一個。」

我反觀那些失敗的例子，我見了太多「哈麻牛劍」、「北清交復」畢業的精英為了自己的一時之爽、一時牛逼或一時虛榮毀了團隊和毀了要成的事情。這些人成了自己 Ego 的奴隸，被自己的 Ego 驅使，一把好牌打得稀爛，最後沒有成事，也沒有成就自己。

第十七條軍規
實事求是

有些鳥來到這個世界，就不是為了躲槍子兒的。有些人來到這個世界，就是為了成事的，就不是為了躲事兒的。成事的一個重要基礎就是：實事求是。費盡心力去遵從金線原理，把事兒想清楚、說明白，如果到最後不能實事求是，那一切歸零。其實，有時候不實事求是，不僅僅是歸零，還會出現負數。

作為解難者，底線的底線是：不能指鹿為馬。

趙高欲為亂，恐群臣不聽，乃先設驗，持鹿獻於二世，曰：「馬也。」二世笑曰：「丞相誤邪？謂鹿為馬。」問左右，左右或默，或言馬以阿順趙高。或言鹿者，高因陰中諸言鹿者以法。後群臣皆畏高。（漢・司馬遷《史記・秦始皇本紀》）

趙高是壞人，沒得好死。作為解難者，不做趙高是底線的底線。

一旦遇上指鹿為馬的人、機構或環境，快走。子曰：「危邦不入，亂邦不居，天下有道則見，無道則隱。邦有道，貧且賤焉，恥也。邦無道，富且貴焉，恥也。」

求真不一定能得真，但是不求真，那還能求甚麼呢？還有甚麼更能依靠呢？

第十八條軍規
鼓勵異見

任何個人，包括領導，都有局限性。有時候是知識結構的局限，有時候是智商、情商、成長背景和常識積累的局限。

真正偉大的解難團隊要強調表達反對意見的責任（Obligation to dissent）。注意，不是反對的權力，是反對的責任，如果你不同意，你必須高聲説出來。哪怕你是團隊中級別最低、資歷最淺的，你也有表達反對意見的責任。儘管你級別最低、資歷最淺，但是你在某些議題的最前沿，最了解一手資料，對於這些議題，你比其他任何人都有發言權。

團隊裏級別最高、資歷最深的人應該是此原則的第一推動者。

如果資深人士反對和破壞這個原則，他注定不會成為一個偉大的解難者。在麥肯錫，這樣的人會被開除。

堅定地反對但是不讓人反感，是個技術活。一個常用技巧是設問：「如果假設能成立，我們需要相信甚麼？」（What would you have to believe?）另一個常用技巧是用事實和數據說話。事實和數據勝於雄辯，邏輯勝於情感。

曉之以理，動之以情。先用事實、數據、邏輯和金線原理說話，說完了，說不出來了，再談感情，再動之以情。

What would you have to believe?

第十九條軍規
提綱挈領

所有關鍵議題解決完，不是解難的終點。

千萬不要忽視交流。團隊知道了這個了不起的答案，和決策者／重要利益相關方知道這個了不起的答案不是一回事兒，和決策者／重要利益相關方認可這個了不起的答案不是一回事兒，和決策者／重要利益相關方會堅定執行這個了不起的答案也不是一回事兒。

我見過很多失敗的解難努力。和常識不符的是，大多數失敗不是因為沒能遵循金線原理，不是沒能建好一個基本及格的金字塔，大多數失敗是因為沒有做好總結歸納以及沒做好之後的溝通。彷彿一個團隊辛辛苦苦建好了一座壯麗輝煌的金字塔，但是沒有修好一條路讓世人來到它的面前，沒有和世人揭示它的了不起。

除了不重視之外，還有甚麼困難妨礙了總結歸納和充份溝通？

可能是正常人類對於寫作的厭惡。對於很多人來說，寫作比收拾屋子、鍛煉身體、保持體重更違反人性。有些時候，人們説「不會」，是客氣。有些時候，人們説「不會」，是真的不會，比如，面對多重積分，比如，一個小時之內寫完一篇符合金線原理的千字文。

可能是正常人類對於海量信息的恐懼。在當今互聯網科技的輔助下，三四個強悍人腦連續工作三四個月之後，會有海量的信息產生。這些信息説明了甚麼？森林越長越密，陽光越來越暗淡，穿越森林的道路在哪裏？更令人恐懼的是，這些信息不能自給，甚至相互矛盾。海量信息餵大的數學模型提示成本控制是問題的癥結，而高管和專家訪談提示壞賬才是真正的問題所在。黑森林裏，天光已暗，在漫無邊際的黑暗裏，不同人和事物提示不同的方向，分清東西南北常常變得非常困難。誰有信心堅定地朝一個方向走去？又是誰給他的這種信心？

也可能是團隊領導缺乏關鍵時刻的領導力。隊長對於寫作的厭惡、海量信息的恐懼、作最後結論的猶豫遠遠大於隊友們。麥肯錫有個內部專有名詞，叫最終項目彙報會（Final progress review），也就是團隊向客戶 / CEO 做最終彙報。在麥肯錫諮詢項目中，這個會是整個項目中最重要的一個會。做好了，皆大歡喜，稍稍修正一下最終彙報文件，就可以正式結束項目了。做不好，留給項目團隊改善的時間已經很少了，剩下的時間裏，能睡覺的時間就很少了。

我曾經作為團隊成員參加過一個項目，距離最終項目彙報會還剩七天，已經做了海量分析，隊長還沒有勇氣寫最終彙報文件的故事線。我和另外一個隊友認真聊了一下，如果今晚還沒有明確不變的故事線，我倆無法基於基本確定了的故事線繼續做 PPT 文件，我倆之後七天就別想睡了。吃完晚飯後，我倆把隊長堵在他酒店房間裏：「我們已經討論幾次了，結論也沒那麼難下。也給了您一些時間，讓您想想還有甚麼破綻。好了，不能再拖下去了。明天天亮之前，您必須寫完故事線，而且，在最終項目彙報會之前，不能變了。

在天亮之前，如果您還是寫不完，我倆之後七天就沒有睡眠了。我最長時間是連續 68 小時沒睡，七天，我撐不住，會死人的。」

如何克服這些人類桎梏？作為一個團隊，如何提綱挈領拿出最終彙報文件？

答案並不用他求，答案還是應用金線原理和金字塔原理：用金字塔的結構，從下到上總結歸納所做的關鍵議題分析，一層一層往上得出結論（極少數情況下，金字塔原理不適用，那就繼續應用金線原理，用非金字塔原理的邏輯推導出真知灼見）。在宇宙中不易被風吹散！

三四個人的團隊，每人每週工作 80 到 100 個小時，如此工作了三四個月，終於到了重新審視第一天答案的時候啦，終於到了把假設確立為結論或者推翻的偉大時刻啦。如今金字塔一層層清晰而堅固，總結歸納，把塔尖豎起來吧！讓金字塔如太陽般耀眼，如水晶般清澈！

再複雜的問題，也能總結歸納成一段話、甚至一句話。

這段話、這句話要充滿真知灼見，要有具體行動。帶着這樣的真知灼見，做這樣的具體行動，逐步落實解難方案，讓自己的生活更美好，讓自己所在的機構更強大，讓世界更美好。

有些人強調用 PPT 説話的重要性，有些人強調用數字圖表説話的重要性。我都同意。但是，我必須強調，説到底，用最簡單、直接、明確的詞語説話，最重要。

你在電梯裏、洗手間裏、飯桌上就不能和 CEO 們溝通了？沒有 PPT 和 Excel 你就不會説話了？

我 45 歲之後，開始拒絕做 PPT 和 Excel，儘管我知道它們的力量。我和自己説，如果我不能用三頁 Word 總結歸納，不能用三頁 Word 説服別人，就算我輸了。當然，這是一個進階的高要求。如果你才開始修煉管理之道和成事學，先別着急，

先學好 PPT 和 Excel。但是，不要過份迷信這兩個工具。智人已經繁衍十萬年了，《資治通鑒》已經存在一千多年了，張儀和蘇秦在戰國七雄之間縱橫遊走已經是兩千多年前的事兒了，PPT 和 Excel 存世才不過 30 年。要相信面對面，眼對眼，你説出總結歸納好的真知灼見的力量。

小心！再精練，也應該是一段言之有物的話，而不是一段空洞的廢話。

在這個世界上，有很多人愛説漂亮的廢話來顯示他們的了不起或者來應付局面。我的建議是，如果這些人不是你的父母或者你的領導，你直接拉黑這些人，多看他們一眼，算你輸。

如何定義漂亮的廢話？漂亮的廢話就是：聽上去很美，但是不可能錯的話。

當然，最終項目彙報文件不可能只是一句或是一段話。除了極其個別的天才 CEO，沒人願意花那麼多錢請了似乎那麼聰明的幾個人那麼辛苦地工

作了好幾個月，解難方案最後只有那麼一兩句話。即使是極其個別的天才 CEO，他也需要一本更厚的文件來和他的團隊溝通。

我曾經做過管理諮詢服務的一家大公司 CEO 問過我：「你知道你們平均一頁 PPT 要收我多少錢嗎？」

「我還沒這麼算過。」我回答。我真沒這麼想過，當然也真沒這麼算過。

「我算過，一頁 PPT，兩萬人民幣。」

「那還真是不便宜。我下次帶團隊少寫幾頁。」

「那不解決問題，你總價是一樣的，少寫幾頁，一頁的費用就更高。」

「老哥，智慧不是用頁數衡量的，我不是賣廢紙的，您也不是收廢紙的。鑽石和煤炭都有碳元素，但是不是一回事兒？」我說，儘管說的時候心裏壓力山大。

第二十條軍規
交流溝通

找到疑難問題的最佳解決方案遠遠不等於疑難問題的最終解決，甚至，找到疑難問題的最佳解決方案之後，還不能馬上付諸行動。必須和相關方進行深度有效的溝通，獲得理解和支持。

李鴻章說過：做官無他，耐煩，耐煩而已。

沿着金線原理去解難很辛苦，但是對於天生的解難者也是一種快活，類似庖丁解牛。但是，沿着金線，拿到了解難方案，還沒有結束，還有臨門一腳，還需要不厭其煩地交流、交流、交流。這個步驟，對於多數訓練有素的解難者來說，往往不是樂事。

建議解難者把自己定位為成事者，目的不是拿到答案，目的是成事、持續成事、持續成大事。那樣，交流就變成了一種必需，捏着鼻子也要去做。

你的快感來自成事：帶着一本 PPT 文件，進到一個會議室，講了，讓別人信了，別人就按着做了，事兒就成了。這樣，你慢慢地會愛上交流溝通。

溝通要有文件，要充份重視溝通文件。準備溝通文件也是個技術活，從故事線到故事板到正式的 PPT 概要文件和正式的 PPT 完整文件。具體的闡述見下一節。

除了溝通文件之外，還要制訂溝通計劃並執行它。內部溝通，客戶溝通，外界溝通，耐煩，耐煩，耐煩。特別是 CEO，你要準備好，你將失去親手解決疑難問題的快感，你要承擔把一套話反覆説很多遍的「苦役」。

結構化表達的
三大原則

第一原則
遵從金線原理

第二原則
實質大於形式

第三原則
事實勝於雄辯

4

結構化表達的
金線

我小時候是個結巴，我羨慕我老媽那些能像金魚吐泡泡一樣自由自在說話的人。我長大一點，克服了結巴的毛病，但是說話還是很累。我發現，人類可以分為兩類：一類是說話能給他們能量的人，另一類是說話能消耗他們能量的人，我老媽是前一類，我是後一類。

在講了那麼多結構化思維之後，我對結構化表達想要盡量簡潔地表達，總結了三點結構化表達的秘訣：

結構化表達第一原則：遵從金線原理。

這時候，第一天假設已經變成了最後結論，反向沿着金線，完成結構化表達。從最後結論開始表達，沿着邏輯線，給出由事實構成的論據，用論據通過論證證明最後結論（中心論點）。

如果你面對的聽眾習慣甚至喜歡簡單、坦誠、陽光的溝通風格，那就用一個簡單、坦誠、陽光的結構化表達結構（金字塔結構），比如：

1. 我們需要做如下改變（結論）。
2. 我們想如此改變的原因是這樣的（根本理由的金字塔）。
3. 我們下一步要做的具體事情是這樣的（變革舉措的金字塔）。

常用報告結構

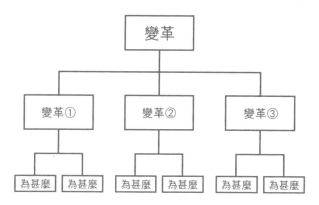

如果你面對的聽眾習慣漸入佳境,那就遵從金線原理,用一個循循善誘的結構(非金字塔結構):

1. 標:目前面臨的主要問題。
2. 本:造成這些問題的根本原因。
3. 藥:我們如何針對這些根本原因採取哪些具體行動從而解決這些主要問題。

常用報告結構

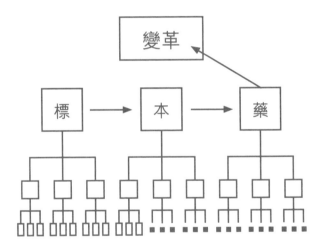

結構化表達第二原則：
實質大於形式。

一個像我這樣的結巴，如果磕磕巴巴説的是真知灼見，也完勝一個巧舌如簧的人講一番不可能錯的廢話。

當然，你可以也應該在演練你基於 PPT 的演示，但是別太關注任何形式性的東西。如果你有真知灼見，能幫客戶或者你的 CEO 掙錢、持續掙錢和持續多掙錢，那麼你的 PPT、你的演示、你的嗓音、你的西裝品牌和領帶顏色等等都沒有那麼重要了。

儘管我嗓音難聽、PPT 做得一般、演示能力也就是及格水平，但是我一直被客戶接受，我想最主要的原因是我一直有真知灼見。

結構化表達第三原則：
事實勝於雄辯。

如果能用數字說話，就用數字說話。如果能不用形容詞，就不用形容詞。

用數字說話，用圖表說話，讓自己的論據、論點和論證像金字塔一樣牢固，像水晶一樣清澈。

在結構化表達三原則之外，介紹電梯實驗。

你上電梯時碰上你集團的一把手或者你客戶的 CEO，他知道你們在做一個非常複雜的管理改善項目。

CEO 問你：「小明，項目怎樣了？」

CEO 們這樣問是合理的，而且應該多這樣問，不要隨口給命令或者判斷，只是隨口問，多問，持續多問。等你到了 CEO 級別，你會發現，最重要的工作不是做具體項目或者具體分析了，而是：找人，找錢，定方向，協調政府關係，然後就是問各種問題，特別是複雜疑問句，被問的人不是

簡單回答「是」或者「否」就可以輕易對付過去的。這樣，激發公司成員各種主觀能動性，同時也看看誰真的能面對壓力，真的能把事兒想清楚、説明白。

但是，你還不是 CEO，你很「不幸」（或者很幸運），進電梯的時候，CEO 也在。更不幸（或者更幸運）的是，他知道你在做一個重要而複雜的項目，而且還開口問了你一個複雜疑問句。最不幸（或者最幸運）的是，你剛剛上手這個複雜的項目，你還是一頭霧水，你和 CEO 一起在電梯裏的時間不會超過 30 秒。你雙腿發軟，你後脖子流汗，你眼冒金星。

怎麼辦？

你選擇回答：「項目才剛剛開始。您着甚麼急啊？」

錯！CEO 有權知道公司裏任何項目現階段的狀況，商場如戰場，可能僵持幾年，也可能瞬息萬

變。如果他真的需要你現在、馬上、立刻給出現階段的最佳解決方案，你是項目負責人，你是最適合、最應該給出這個方案的人。你如果沒有，公司可能損失慘重，你可能得不到青睞和無法快速升職。

你選擇回答：「這是一個無比複雜的項目，三天三夜都說不完呢。這樣，我和您秘書約您下週三個小時的時間吧。」

錯！對於頂尖的成事者，沒有任何複雜問題不能在 30 秒內說完，沒有任何複雜問題不能用三頁 Word 或者十頁 PPT 說清楚。又，你的 CEO 比你想像的還忙。你現在不說，下次約到他 30 分鐘的時間聽你彙報，很可能是半年之後了。

你選擇回答：「親愛的 CEO，我們面對機會也面對挑戰，但是在您的英明領導下，我們已經準備好了。我們倡議：……（以下省略 1,000 字）」

錯！小明，你這樣的人才可惜，你應該換到宇宙中更大的平台上去發揮你更大的作用。小明，滾出去！

電梯實驗結束了。

你把它想成廁所實驗也一樣，你和 CEO 一起站在小便池，你倆有一泡尿的時間，最多加上一起洗手和擦手的時間。你準備好了嗎？

在結構化表達三原則之外，建議遵從單數原則。

結構化表達的時候，金字塔的支柱最好是單數，最好不要超過九個：一點、三點、五點、七點、九點，不能再多了，快到普通人腦極限了。

在結構化表達三原則之外，建議遵從見面原則。

切記，見面的交流效率最高，特別是彼此還不是超級熟悉之前，同樣的交流文件，同樣做演示的人，見面的效率是電話會的十倍，電話會的效率是電子郵件的十倍。如果因為疫情或者天災，實在不能見面，也建議使用視頻電話會的形式而不是音頻電話會。

與此類似，所有長期的異地戀都是瞎扯。

其實自古以來中國人一直在使用金線原理

作為中國人，可以驕傲的是，中國文化博大精深，外國人所有的一切都是偷我們祖宗的，所以不是畢達哥拉斯百牛定理而是勾股弦定理，所以陰陽八卦是最早的計算機，所以不是 Minto 的金字塔原理而是老聃的金字塔原理。

孔丘在春秋時代開了一家有 3,000 個諮詢顧問的管理諮詢公司，幫助各個野心邪跳的諸侯通過加強基礎管理而提升業績。孔丘請教老聃如何培訓新招的諮詢顧問，老聃說，告訴他們，第一個要掌握的原則是，道生一，一生二，二生三，三生無數。

老聃和孔丘之外，中國經典文章裏也都是金線閃爍、金字塔巍峨。打開《詩經》，打開唐宋八大家中任何一家的文集，例子比比皆是。

舉例一，《蒹葭》：

蒹葭蒼蒼，白露為霜。所謂伊人，在水一方。
溯洄從之，道阻且長。溯游從之，宛在水中央。

蒹葭萋萋，白露未晞。所謂伊人，在水之湄。
溯洄從之，道阻且躋。溯游從之，宛在水中坻。

蒹葭采采，白露未已。所謂伊人，在水之涘。
溯洄從之，道阻且右。溯游從之，宛在水中沚。

《詩經》之蒹葭

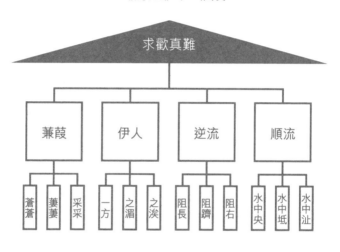

「好愛不為難？不難無好愛？此事古難全。」

舉例二，蘇軾二三十歲時候的代表作《留侯論》：

古之所謂豪傑之士者，必有過人之節。人情有所
不能忍者，匹夫見辱，拔劍而起，挺身而鬥，此
不足為勇也。天下有大勇者，卒然臨之而不驚，
無故加之而不怒。此其所挾持者甚大，而其志甚
遠也。

夫子房受書於圯上之老人也，其事甚怪；然亦安
知其非秦之世，有隱君子者出而試之。觀其所以
微見其意者，皆聖賢相與警戒之義；而世不察，
以為鬼物，亦已過矣。且其意不在書。

當韓之亡，秦之方盛也，以刀鋸鼎鑊待天下之士。
其平居無罪夷滅者，不可勝數。雖有賁、育，無
所復施。夫持法太急者，其鋒不可犯，而其勢未
可乘。子房不忍忿忿之心，以匹夫之力而逞於一
擊之間；當此之時，子房之不死者，其間不能容
髮，蓋亦已危矣。

千金之子，不死於盜賊，何者？其身之可愛，而盜賊之不足以死也。子房以蓋世之才，不為伊尹、太公之謀，而特出於荊軻、聶政之計，以僥倖於不死，此圯上老人所為深惜者也。是故倨傲鮮腆而深折之。彼其能有所忍也，然後可以就大事，故曰：「孺子可教也。」

楚莊王伐鄭，鄭伯肉袒牽羊以逆；莊王曰：「其君能下人，必能信用其民矣。」遂舍之。勾踐之困於會稽，而歸臣妾於吳者，三年而不倦。且夫有報人之志，而不能下人者，是匹夫之剛也。夫老人者，以為子房才有餘，而憂其度量之不足，故深折其少年剛銳之氣，使之忍小忿而就大謀。何則？非有生平之素，卒然相遇於草野之間，而命以僕妾之役，油然而不怪者，此固秦皇之所不能驚，而項籍之所不能怒也。

觀夫高祖之所以勝，而項籍之所以敗者，在能忍與不能忍之間而已矣。項籍唯不能忍，是以百戰百勝而輕用其鋒；高祖忍之，養其全鋒而待其弊，此子房教之也。當淮陰破齊而欲自王，高祖發怒，

見於詞色。由此觀之，猶有剛強不忍之氣，非子房其誰全之？

太史公疑子房以為魁梧奇偉，而其狀貌乃如婦人女子，不稱其志氣。嗚呼！此其所以為子房歟！

蘇軾之《留侯論》

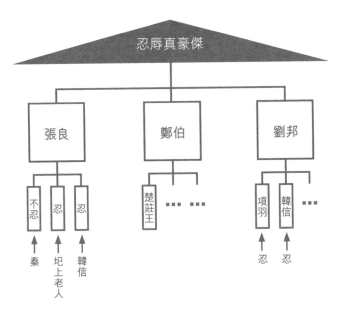

記得使用

記得忘掉

6

甚麼時候使用金線原理？

金線原理看似廢話，但確實是一個偉大的原理，一個偉大的方法論。

偉大用途之一，解決問題：

當你嘗試解決問題時，你從下到上，設立假設，收集論據，歸納出真知灼見，從而建造成堅實的金字塔。這麼做，問題解決起來最有效。

偉大用途之二，管理手下：

如果你是領導，有經驗，有手下，對於某個問題，你根據經驗提出假設，迅速列出第一級三至九個支持論據，分別交代給不同的手下。兩到四週後，手下提交報告，你匯總排列，從而建造成堅實的金字塔。有了這個原理，管理起來最有效，領導做得最輕鬆。

偉大用途之三，交流成果：

問題已經解決，你從上到下，只彙報中心論點和一級支持論據，領導明白了，事情辦成了。如果領導和劉備一樣三顧你的茅廬，而且臀大肉沉，從早飯坐到晚飯，吃空你家冰箱，喝光你的酒，你有講話的時間，他有興趣，你就彙報到第十八級論據，為甚麼三分天下，得蜀而能有其一。有了這個原理，交流起來最有效。

甚麼時候要忘掉金線原理？

作為中國人，需要小心的是，我們傳統上日常生活的交流，不是從金字塔尖尖到金字塔基底的，而是相反。比如我們通常這樣對小王的媽媽說：小王吃喝嫖賭抽，坑蒙拐騙偷，打瞎子罵啞巴，挖絕戶墳敲寡婦門，小王是個壞蛋。我們通常不這樣對小王媽媽說：小王是個壞蛋。然後看看小王媽媽的反應，再進一步提供證據：小王吃喝嫖賭抽，坑蒙拐騙偷，打瞎子罵啞巴，挖絕戶墳敲寡婦門。純用金字塔原理交流，在中國，容易找抽。

有人要和你吐槽時，閉嘴、傾聽、不停倒酒和喝酒，就是最好的解決方案。他真正要解決的不是他所說的問題，真正要解決的是不吐不快。他真正需要的不是你運用智慧幫他找到解決方案，而是讓他在你的同情心下真正徹底表達。至於問題本身的解決，還有明天，明天是另一天。

關於社會、工作、生活的100個基本問題

陳康肅公堯咨善射，當世無雙，公亦以此自矜。嘗射於家圃，有賣油翁釋擔而立，睨之，久而不去。見其發矢十中八九，但微頷之。

康肅問曰：「汝亦知射乎？吾射不亦精乎？」翁曰：「無他，但手熟爾。」康肅忿然曰：「爾安敢輕吾射！」翁曰：「以我酌油知之。」乃取一葫蘆置於地，以錢覆其口，徐以杓酌油瀝之，自錢孔入，而錢不濕。因曰：「我亦無他，惟手熟爾。」康肅笑而遣之。

（《賣油翁》，歐陽修）

修煉金線的訣竅和賣油翁説的一樣,「無他,惟手熟爾」。在工作裏、生活裏,在四季輪迴裏,在任何一個可以應用的機會裏,練,練,練,反覆練習,隨時練習,反覆練習,不要停。直到結構化思維和表達深入骨髓,直到出口就是一點、三點、五點、七點,出口就是中心思想、論點、論據、論證,五講四美三熱愛。

當然,如果你有兩三個精於金線的導師能隨時指導你,你會進步得更快。如果你真有這麼兩三個導師,在不唐突的前提下,盡量多和這兩三個導師見面,能一起做項目就一起做項目,無法產生工作關係就爭取一起吃飯,能吃晚飯就不要吃中飯,多佔一點他們的時間。

以下是關於社會、生活、工作的 100 個基本問題。這個單子裏面的任何一個問題都可以按照金線原理去探討,每個問題都可以是一道金線原理的練習題,每個問題都能依照金線原理成為一本專著。

1. 能否建立一個穩定的沒有四大自由（即：言論自由、信仰自由、免於赤貧的自由、免於恐懼的自由）的社會？

2. 一個政府應該如何有效管理新冠疫情？任何新的疫情？

3. 如何設計一個完美的宗教？為甚麼人類不能只有一個完美宗教？

4. 如何找到外星人？

5. 如何和外星人交流？

6. 如何開發元宇宙？

7. 如何感受自己肉身的美好？

8. 如何過道德的生活？

9. 如何在權威之下過道德的生活？

10. 如何處理成長的煩惱（身體變化等等）？

11. 如何對待所有人內心都是很無知（包括自己）這個悲哀的現實（人類進化遠遠不完全）？

12. 如何處理父母施加的道德綁架？

13. 如何在世界上找到自己的位置，除了是孩子們的媽媽和家庭主婦，我還是甚麼？

14. 如何美好地在婚前談戀愛？

15. 如何美好地在婚內談戀愛？

37. 如何安排一次跨國團建？

38. 如何進入收藏古玉這個坑？

39. 如何在死前安排好收藏品的傳承？

40. 如何最有效地讀一本書？

41. 如何做一個旅遊攻略？

42. 如何充份享受大自然？

43. 去哪個城市工作？

44. 去哪個地方退休？

45. 如何適應一個地方？

46. 如何最好地享受一瓶紅酒？

47. 如何最好地享受一瓶啤酒？

48. 如何千杯不醉？

49. 如何緩解宿醉？

50. 如何保證一直能喝到自己喜歡的那種茶？

51. 如何保持好奇心？

52. 如何避免成為一個油膩的中年猥瑣男？

53. 如何招人喜歡？

54. 如何說實話還招人喜歡？

55. 如何說「不」？

56. 如何做好健康管理？

57. 如何管理情緒？

書　　名：金線——解決一切問題的結構化思維和結構化表達

作　　者：馮　唐

責任編輯：張宇程

美術編輯：郭志民

出　　版：天地圖書有限公司

　　　　　香港黃竹坑道 46 號

　　　　　新興工業大廈 11 樓（總寫字樓）

　　　　　電話：2528 3671　傳真：2865 2609

　　　　　香港灣仔莊士敦道 30 號地庫（門市部）

　　　　　電話：2865 0708　傳真：2861 1541

印　　刷：亨泰印刷有限公司

　　　　　香港柴灣利眾街德景工業大廈 10 字樓

　　　　　電話：2896 3687　傳真：2558 1902

發　　行：聯合新零售（香港）有限公司

　　　　　香港新界荃灣德士古道 220-248 號荃灣工業中心 16 樓

　　　　　電話：2150 2100　傳真：2407 3062

出版日期：2023 年 7 月 / 初版・香港